那曲草地资源图谱

◎ 旦久罗布　严　俊　编著

中国农业科学技术出版社

图书在版编目（CIP）数据

那曲草地资源图谱 / 旦久罗布，严俊编著 . —北京：中国农业科学技术出版社，2019. 6

ISBN 987-7-5116-4259-2

Ⅰ. ①那… Ⅱ. ①旦… ②严… Ⅲ. ①草地资源—那曲—图谱 Ⅳ. ①S812-64

中国版本图书馆 CIP 数据核字（2019）第 113557 号

责任编辑　贺可香
责任校对　马广洋

出 版 者　中国农业科学技术出版社
　　　　　北京市中关村南大街12号　　邮编：100081
电　　话　（010）82106638（编辑室）（010）82109702（发行部）
　　　　　（010）82109709（读者服务部）
传　　真　（010）82106626
网　　址　http: // www.castp.cn
经 销 者　全国各地新华书店
印 刷 者　北京东方宝隆印刷有限公司
开　　本　787mm×1 092mm　1/16
印　　张　27.75
字　　数　680千字
版　　次　2019年6月第1版　　2019年6月第1次印刷
定　　价　380.00元

《那曲草地资源图谱》

编著名单

主 编 著 旦久罗布（那曲市草原站）

严 俊（那曲市草原站）

副主编著 次 旦 何世丞（那曲市草原站）

参编人员 张海鹏 谢文栋 拉巴扎西 高 科（那曲市草原站）

李艳容 王有侠 次仁宗吉 边巴拉姆（那曲市草原站）

才 珍 马登科 陈金林（那曲市草原站）

多吉顿珠 秦爱琼 扎西央宗（西藏自治区农牧科学院草业科学研究所）

干珠扎布 胡国铮（中国农业科学院农业环境与可持续发展研究所）

吴红宝（中国农业科学院农业环境与可持续发展研究所）

水宏伟（安徽师范大学地理与旅游学院）

王宝山 扎 西（那曲市科技局）

照片拍摄 旦久罗布 严 俊（那曲市草原站）

审 稿 孙海群（青海大学）

顾 问 高清竹（中国农业科学院农业环境与可持续发展研究所）

前言

草地是具有重要的生态和经济功能的自然资源，那曲草地面积6.32亿亩，是那曲面积最大的绿色生态屏障，也是畜牧业发展和农牧民赖以生存的基本生产资料。那曲地域辽阔，草原广袤无垠，河流湖泊星罗棋布，被昆仑山、唐古拉山、念青唐古拉山和冈底斯山所环绕，整个地形呈西北向东南倾斜，平均海拔4 500m以上，形成了多样的地形地貌以及不同区域气候环境，孕育了高寒环境物种多样性，造就了高寒草甸、高寒草原、高寒荒漠等草地生态系统，其独特的生态环境和丰富的自然资源，对于青藏高原甚至全球气候和环境有着及其重要的影响，而成为了国内外专家学者在地理、生物、资源和环境等方面的研究热点。

那曲高寒草原是中国著名的四大草原之一，然而近年来，在气候变化、人类活动等影响下，藏北高寒草原发生了不同程度的演替及退化现象，对维持高寒草地生物多样性、稳定草地生态服务功能、草原生态与草牧业的协同发展带来极大危险。在国家和西藏自治区党委的高度重视下实施了退牧还草、草原生态保护补助奖励机制等重大民心工程，取得显著的生态、经济、社会效益。为进一步摸清那曲草地资源动态变化、挖掘优势牧草资源，不断为那曲草原生态建设与草牧业发展积极服务，那曲市草原站编写《那曲草地资源图谱》一书。

《那曲草地资源图谱》一书，主要介绍了那曲草地类型及常见植物种类，主要包括4部分，其中草地类型部分主要有6个草地类、7个亚类、14个组、58个型；常见草地植物部分共收录57科、179属、332种。

本书的编写和出版得到了那曲市委、市政府的高度重视，那曲市科技局的大力支持，青海大学孙海群教授的审阅和指导，在此表示感谢。

由于编写时间紧，编写人员水平有限，在物种鉴定、文字表述等方面，还存在诸多疏漏和不足，恳请专家学者不吝指正，以便再版时进行修正。

编著者

2019年3月

目录

第一部分

西藏那曲草地资源调查与图谱编写概述

那曲，藏语意为黑色河流，因河流得名，故又称黑河。因地域辽阔，又被称“羌塘”，藏语意为北方旷野，故又名“藏北”。那曲位于西藏自治区北部，东连昌都市丁青、边坝2县，西接阿里地区改则、措勤2县，南与拉萨市尼木、当雄、林周、墨竹工卡4县为邻，北同新疆维吾尔自治区及青海省接壤，西南与日喀则昂仁、谢通门、南木林3县交界，东南与林芝市工布江达、波密2县毗连，总面积42万km^2。辖11个县（区）、114个乡（镇）、1 283个村（居）委会，总人口50余万人。

草原是那曲农牧民最基本的生产资料和生存条件之一，为全面掌握那曲草地资源现状，挖掘可利用本土野生优势生物资源，更好的为那曲草地资源保护和合理利用、政府决策、牧业的进一步发展等提供科学依据，在那曲市委、市政府、科技局的大力支持下，草原站课题组成员按照规划路线深入那曲11县（区）认真细致、科学有序地开展野外草地资源现状调查及资料收集、室内鉴定、分类、汇总、编写等工作。

此项工作在那曲市草原站旦久罗布站长编写的《那曲常见植物识别应用图谱》的基础上，于2017—2019年，对全市进行了全覆盖的2次野外调查。2018年第一次野外调查，从嘉黎县绒多乡出发，按照中—东—西植物不同生育期的原则全面开展调查工作；2018年第二次野外调查行程路线基本和第一次调查相同，对嘉黎县及其他地区进行了补点调查。两次调查累计行程2.57万余公里，共取得3 100多个点位的草地样方，5 000余张植物图片及草地景观图。

本次调查根据全国草地资源调查的统一要求，采用全国草地分类系统，同时结合西藏草地类型的特点进行。那曲草地从东部的山地草甸类，经中部的高寒草甸到西部的高寒草原，从南部广袤的紫花针茅到北部的垫状驼绒藜。在不同生境条件下形成众多类型的草地，繁衍生长着千姿百态的物种，土、草、畜形成一个和谐的整体。如何探求它们之间相互影响、发展的规律，合理地开发利用，将是长期而艰巨的任务。

第二部分

西藏那曲草地资源概况

一、自然概况

（一）地理位置与地形地貌

1. 地理位置

那曲位于西藏自治区北部，地处青藏高原腹地，地理位置介于北纬30°～36°41′、东经83°53′～95°02′，整个地势呈西高东低倾斜状，平均海拔4 500m，国土总面积42万km^2，占西藏自治区总面积的1/3，其中草地总面积为6.32亿亩，可利用草地面积为4.69亿亩。

2. 地质构造

那曲地处西藏北部的唐古拉山脉、念青唐古拉山脉和冈底斯山脉之间。

中部属高原丘陵地形，多山，但坡度较为平缓，大多数山呈浑圆状；西北部海拔较高，由于地处念青唐古拉山脉的分支山脉或余脉，山峰较多，地势险峻，高差显著，山峰海拔均在5 500m以上，最高的桑顶康桑山，海拔约6 500m。

北部属唐古拉山区域，系典型的高原山川地形，呈不规则椭圆形，唐古拉山脉呈屋脊状，横卧其间，地势中部高，南北低，西高东低，由中部的6 600m，逐步下降到北部的4 700m、南部的4 500m，平均海拔在5 200m以上，主要有唐古拉山脉、托尔久（小唐古拉）山脉、桑卡岗（申格里贡山）山脉。

东部属高原山地，海拔为3 800～4 500m，平均海拔约4 100m，地势呈自西北向东南倾斜状，海拔渐次降低。该地区西部海拔4 400m左右，多低山丘陵；东部海拔3 800m左右，多高山峻岭。因地形较为复杂，区域内除少量高山草原外，其余均高山突兀，山势险峻，高山与高山之间形成深深的峡谷，谷底与山顶之间的高差多在1 000m以上。

南部属藏北高原与藏东高山峡谷交汇地带，部分地区海拔在5 000m以上，属高原丘陵；部分地区高山突兀，山势陡峻，高山与高山间形成狭长的深谷；在邻近林芝地区的地方，海拔高度急剧下降，海拔仅有3 000m左右，分布有较大块的谷地平原。

3. 地形地貌

那曲四周被群山环抱，纵横环绕着近东西向的巨大山系，以其辽阔的地貌基础，随着整个高原的总趋势，由西北向东南倾斜，西部平均海拔约5 000m，到东部则降至4 200～4 000m；西部山势平缓，其间宽谷、梁坡、湖盆相间，相对高度多在500m以下，超过6 000m以上的高山约10座，它们是河流与湖泊的补给来源。由于四周被大山阻隔，区内水系不能外泄，因此羌塘地区内陆湖泊星罗棋布。

羌塘地区的地势为南北高、中间低，黑阿公路两侧的海拔约4 500m，向南向北逐渐抬高，昆仑山南麓、念青唐古拉山北麓的湖盆低地均已达到海拔5 000mm左右。在浩瀚无际的波状高原面上。东西向的条状山脉与宽展平底的谷地相间排列。这种岭谷相间的地形在北羌塘尤为突出，如昆仑山、玉尔巴钦山、可可西里山。

（二）气候

那曲在全国气候区划中属青藏高寒气候区域的一部分，它的基本特点是气温低，高寒缺氧，气候干燥，多大风天气，太阳辐射强。气候属高原温带与亚寒气候区，那曲年平均气温为-2.8～1.6℃，年均最高温为4.7～9.2℃，年均最低温为-9.1～-4.6℃。最冷月是1月，1月平均气温为-14.9～-7.4℃；最热月为7月，月平均气温8.7～12.2℃，年相对湿度为48%～51%。冬季盛行西风，夏季为西南季风，全年无绝对无霜期。每年的11月至翌年的3月是干旱的刮风期，这期间气候干燥，温度低下，缺氧、风沙大，延续时间又长，5—9月相对温暖，是草原的黄金季节，这期间气候温和，风平日丽，降水量占全年的80%，年蒸发量1 500～2 300mm。年日照时数为2 852.6～2 881.7h，植物全年生长期为100d左右。

（三）土壤

那曲的生物气候、地形地貌等特定的自然地理条件，制约和影响着土壤形成过程。它不但取决于生物气候、地形地貌和植被的复杂空间变化，在纬度、经度和垂直地带性变化的同时，使土壤发育的垂直变异也是显而易见的。因而从东到西几乎可以看到从温带到高寒边缘环境的各种土壤类型。

从总体上看，那曲的土壤是依照地带性规律呈带状分布，从东到西依次为山地棕壤、山地漂灰土，亚高山灌丛草甸土、高山灌丛草甸土、高山草甸土、高山草原草甸土、高山草原土、高山荒漠草原土和高山寒冻土。

二、社会经济概况

那曲是西藏主要畜牧业生产基地之一，经营草原畜牧业生产有悠久的历史，全市管辖11个县（区），除比如、巴青、索县、嘉黎、尼玛5县有少量农业外，其余均以牧业为主。全市国土总面积为42万多平方千米，占西藏自治区总面积的1/3；草地面积为6.32亿亩，其中可利用草地面积4.69亿亩，占自治区草地总面积的47.38%，民族有藏、汉、回、朝鲜、满等14个。

据2015年农牧业生产情况统计，年初牲畜总存栏525.47万头（只、匹），其中牛187.25万头，占牲畜总头数的35.63%；绵羊238.67万只，占牲畜总头数的45.42%；山羊95.08万只，占牲畜总头数的18.09%；马4.1万匹，占牲畜总头数的0.78%；猪0.38万头，占牲畜总头数的0.072%。

农作物播种面积5 868.53hm^2，粮食总产量12 812.05t，虫草产量31 626.38kg，肉产量94 137.69t（其中牛肉72 992.51t、羊肉21 085.02t、猪肉60.16t），奶产量61 611.7t（其中牛奶50 633.38t、羊奶10 978.32t），羊毛产量3 459.63t，绵羊毛产量3 150.72t，羊绒产量251.11t，牛绒产量1 157.44t，牛毛产量1 144.11t，牛皮产量429 477张，羊皮产量941 201张，牛犊皮产量25 436张。

草原畜牧业生产的发展，为本地区农牧民提供了更多的奶、肉、皮、毛等生活所必需的畜牧产品，同时也给加工业提供了大量的原料，促进了商贸的发展，加快了牧区交通、邮电、贸易、文化、教育、卫生、体育、旅游等各项事业的发展。青藏铁路、青藏公路、黑昌公路、安狮公路、格拉输油管道、兰西拉光缆、藏中电网等六大交通、能源和通讯干线加强了与外地的联系及各种活动，现已建成藏北牧区初具规模的新兴城市。

三、草原植被

（一）植物组成状况与特点

那曲横亘于西藏北部，东西长约1 156km，南北宽约760km，由于地域辽阔，地势高，气候差异较大，所以从藏东南到藏西北，草地植被复杂，植物种类从东南到西北逐渐递减。结合前人资料记载以及作者多次调查统计，此次调查结果显示，常见植物有57科，179属，332种。其中菊科种数最多，计20属，43种；其次为禾本科、玄参科、毛茛科。

（二）那曲植物区系

由于那曲所处的地理位置及海拔高度使其植物区系、植物形态特征和生理结构上具有高原的特点，因而是一个植物区系较为复杂的地区。

天然草地中建群种主要是莎草科、禾本科植物，菊科、豆科、蔷薇科植物是常见的伴生种。这些植物均属于喜马拉雅区系，但其中也加入了中亚植物区系的种。那曲草地中的建群种如西藏嵩草、高山嵩草、粗状嵩草、矮生嵩草是典型的喜马拉雅区系成分，而紫花针茅、青藏苔草、垫状驼绒藜、华扁穗草、藏荠等均属亚州中部和中亚成分。

（三）草地类型

那曲从东南向西北气候明显地表现出湿润、高寒湿润、高寒半湿润、高寒半干旱和高寒干旱的水平地带性变化。因而草地植被大体上也呈现出由东南西北依次出现山地森林—亚高山、高山灌丛—高寒草甸—高寒草原—高寒半荒漠直至阿里地区变为高寒荒漠。

那曲的草地植被，除具有前述的水平地带性外，还有十分明显的垂直地带性分布。由于本地区东西跨跃了东经83° 55′ ~ 95° 5′ 因而地区差异很大。东南部的嘉黎县境内的山地森林从海拔2 900m（亚热带、暖温带）急剧上升到海拔5 000 ~ 6 000m的巨大高程，所以这里的植被垂直带谱为山地森林—亚高山、高山灌丛—高寒草甸—高寒稀疏植被直到冰雪皑皑终年积雪的高山。在海拔3 800 ~ 4 000m的山地发育着大果圆柏，其下限接川西云杉，上限为亚高山灌丛，郁闭度0.7，树种单一。林下发育着矮小的灌木层，覆盖度20%左右，主要有高山柳、金露梅、茶藨子等。最下层为草本层，主要是利用价值很低的杂类草。海拔4 500 ~ 4 800m的地方则以金露梅为主的高山灌丛。海拔4 800 ~ 5 300m为蒿草草甸，主要是高山嵩草、矮生嵩草和线叶嵩草。海拔5 300 ~ 5 700m为高寒稀疏植被，其阴坡地带4 000 ~ 4 200m是次生白桦林，郁闭度0.6，还有少量的大果圆柏。其下有雪层杜鹃、金露梅、茶藨子、高山绣线菊等。草本层高20cm左右，主要有叉枝蓼、草玉梅等。海拔4 200 ~ 4 800m为雪层杜鹃，高20 ~ 60cm，覆盖度30%左右；另外还有高山柳、窄叶鲜卑花、高山绣线菊、金露梅等。草本层较为繁茂，高50cm以下，覆盖度50% ~ 80%，主要牧草有高山嵩草、线叶嵩草、早熟禾等。海拔4 800 ~ 5 300m发育着高寒草甸，主要建群种是矮生嵩草、高山嵩草、圆穗蓼及杂类草。海拔从5 300 ~ 5 700m为高寒稀疏植被及高山碎石带。

中部草地植被的垂直分布以色尼区念青唐古拉山为例。在海拔4 500 ~ 4 900m的地带发育着高山嵩草草甸，高山嵩草为其建群种，在河漫滩及水溢出地带则发育着西藏嵩草草甸；海拔4 900 ~ 5 200m发育着高山蒿草、杂类草草甸；海拔5 200 ~ 5 300m为高寒垫状稀疏植被，海拔5 300 ~ 5 700m为高山碎石带。

那曲西部与中、东部地区草地植被垂直地带性分布规律又有很大的差异，如位于那曲西南部申扎县境内的冈底斯山北麓为海拔4 500 ~ 4 900m的地带为高寒草原，主要建群种为紫花针茅，在山麓及水溢出地带则分布有华扁穗草为建群种的沼泽草甸。在海拔4 900 ~ 5 300m的地带则为草甸草原，主要建群种为紫花针茅、高山嵩草、矮生嵩草和线叶嵩草。海拔5 300 ~ 5 700m的地带其下部为高山稀疏植被，上部为高山碎石带。到了北羌塘中部双湖阿木岗南坡，其植被特征分布是：海拔4 500 ~ 5 000m为高寒草原，植被建群种为紫花针茅；海拔5 000 ~ 5 300m为高寒草甸草原，草地植被建群种为紫花针茅、高山嵩草；海拔5 300 ~ 5 400m的地带为高寒草甸，草地植被建群种为矮生嵩草、高山嵩草、早熟禾；海拔5 400 ~ 5 500m的地带主要为高寒稀疏植被，有数种风毛菊、垫状雪灵芝、垫状点地梅、独一味等。

第三部分

西藏那曲草地资源类型

草地类型是认识草地的一种科学方法，是草地畜牧业及其科学的最重要的理论和实践的基础之一，是草地科学的高度抽象和概括。类型学的理论是在草地发生与发展规律的指导下，根据其自然特征和经济特性，全面动态地认识与反映这一生产资料的科学，是合理开发利用草地资源的理论基础。

那曲草地类型分类，是根据全国草地资源调查的统一要求，采用全国草地分类系统，同时结合那曲草地类型的特点进行，那曲天然草地分6个大类，7个亚类，14个组，58个型。

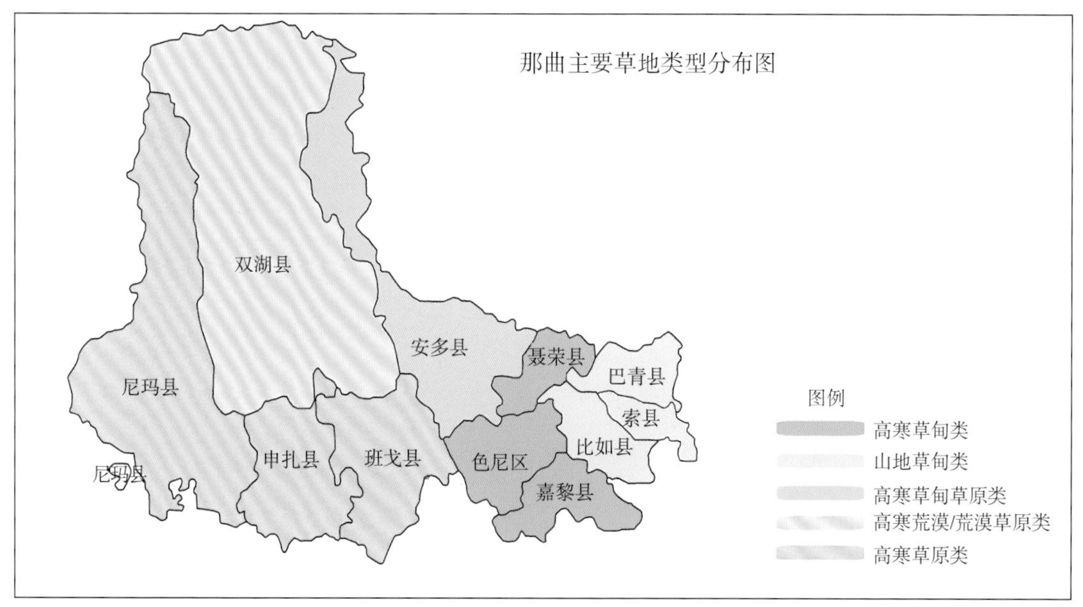

一、高寒草甸类

高寒草甸草地是在高寒湿润气候条件下发育形成的一类草地，由耐寒性的多年生中生草本植物为主或有中生高寒灌丛参与形成的一类以矮草草群占优势的草地类型。该草地气候属于高原寒带、亚寒带湿润气候，年平均气温0℃以下，年降水量350～550mm，土壤为高山草甸土（草毡土），分化程度较低，粗糙，土层较薄，下层多砾石。

高寒草甸类草地是那曲分布最普遍、面积较大的类型，广泛分布于3 500～5 200m的区域，草地草层高度5～15cm，覆盖度70%～83%，亩产鲜草42～78kg，结构简单，生长密集，牧草质量和适口性较好，耐牧性强，各类家畜均适宜。植物组成较简单，每平方米有植物15余种，占优势的种类主要是耐寒的多年生中生植物，西藏嵩草、矮生嵩草、线叶嵩草、高山嵩草、珠芽蓼、圆穗蓼、星状风毛菊、美丽风毛菊、甘肃雪灵芝、直梗唐松草、麻花艽、垫状点地梅、露蕊乌头、独一味、马先蒿等。

高寒草甸草地类，共分2个亚类，2个组，8个型。

（一）高寒草甸亚类

高寒草甸亚类，共分为1个组、6个型，即多年生莎草组：高山蒿草草地型、西藏嵩草—高山嵩草草地型、西藏嵩草—垂穗披碱草草地型、西藏嵩草—矮生嵩草草地型、圆穗蓼—高山嵩草草地型、线叶嵩草草地型。

【多年生莎草组】本草地组是高寒草甸草地类中最有饲用意义和最具有代表性的一个草地组。莎草科草类经济价值高，利用率高，草质柔软，营养丰富，适口性好，而且耐牧性强，结实期早，有利于家畜抓秋膘。同时，莎草富含纤维素和硅质。牧草枯黄后不易被放牧活动和风吹折断、遗失，故是各类家畜良好的天然四季放牧地，西藏蒿草草地可作为刈牧兼用地。广泛分布于聂荣、安多海拔4 600 ~ 5 200m河谷阶地、低山缓坡地、湖盆地等，色尼区海拔4 400 ~ 4 900m河谷阶地、宽谷地、山体阴、阳坡上，比如县、索县、嘉黎县、巴青县海拔4 000 ~ 4 900m的河谷阶地、山体阴、阳坡、低山缓坡地、沟谷地等，班戈县、申扎县海拔4 600 ~ 5 200m山体上部、积水或水溢出带及沟谷地的阴坡地带。

组成草群的牧草较为复杂，以寒中生的莎草科植物为优势种；常见的伴生种植物有钉柱委陵菜、垫状点地梅、独一味、火绒草、早熟禾、二裂委陵菜、多茎黄芪、羊茅、高山唐松草、金露梅、蒲公英、垂穗披碱草、秦艽、美丽风毛菊、条裂银莲花、肉果草、藏菠萝花、多刺绿绒蒿、小大黄、无瓣女娄菜、珠芽蓼、圆穗蓼、矮火绒草、棘豆、垫状棱子芹、紫菀、乳白香青、异叶青兰等。

莎草科草类一般高为1 ~ 3cm，高者（西藏嵩草）可达5 ~ 36cm；禾本科草类一般高5 ~ 12cm，高者可达15 ~ 36cm；牧草一般在5月中旬开始返青，7月生长旺盛，9月中旬地上部分即行枯黄进入冷季。

【高山嵩草草地型】以高山嵩草为优势种，主要伴生种有钉柱委陵菜、早熟禾、黄芪、短穗兔耳草、弱小火绒草、矮生嵩草、风毛菊、蒲公英、垂穗披碱草、紫花针茅、垫状点地梅、独一味、甘肃雪灵芝、高原荨麻、高山唐松草、直梗唐松草、星状风毛菊、龙胆等。

【拍摄地点】那么切乡，海拔4 746m。

【西藏嵩草—高山嵩草草地型】以西藏嵩草、高山嵩草为优势种，主要伴生种有矮生嵩草、高原早熟禾、棘豆、黑褐苔草、火绒草、圆穗蓼、高原毛茛、鹅绒委陵菜、海乳草、蒲公英、紫菀等。

【拍摄地点】阿扎镇，海拔4 901m。

【西藏嵩草—矮生嵩草草地型】以西藏嵩草为优势种，主要伴生种有矮生嵩草、高原早熟禾、弱小火绒草、高山嵩草、西伯利亚蓼、紫菀、高原毛茛、二裂委陵菜、海乳草、青藏苔草、棘豆等。

【拍摄地点】那么切乡，海拔4 478m。

【西藏嵩草—垂穗披碱草草地型】以西藏嵩草、垂穗披碱草为优势种，主要伴生种有早熟禾、青藏苔草、鹅绒委陵菜、棱子芹、藏豆、海乳草、高原毛茛、风毛菊等。

【拍摄地点】那曲镇，海拔4 515m。

【圆穗蓼—高山嵩草草地型】以圆穗蓼、高山嵩草为优势种，主要伴生种有珠芽蓼、西藏嵩草、独一味、白花蒲公英、苔草、葛缕子、美丽风毛菊、鹅绒委陵菜、高原毛茛、银莲花、棱子芹、马先蒿、黄芪、箭叶橐吾等。

【拍摄地点】绒多乡，海拔4 389m。

【线叶嵩草草地型】以线叶嵩草为优势种，主要伴生种有矮生嵩草、高山嵩草、西藏嵩草、青藏苔草、紫菀、高原毛茛、蒲公英、海乳草等。

【拍摄地点】孔玛乡，海拔4 531m。

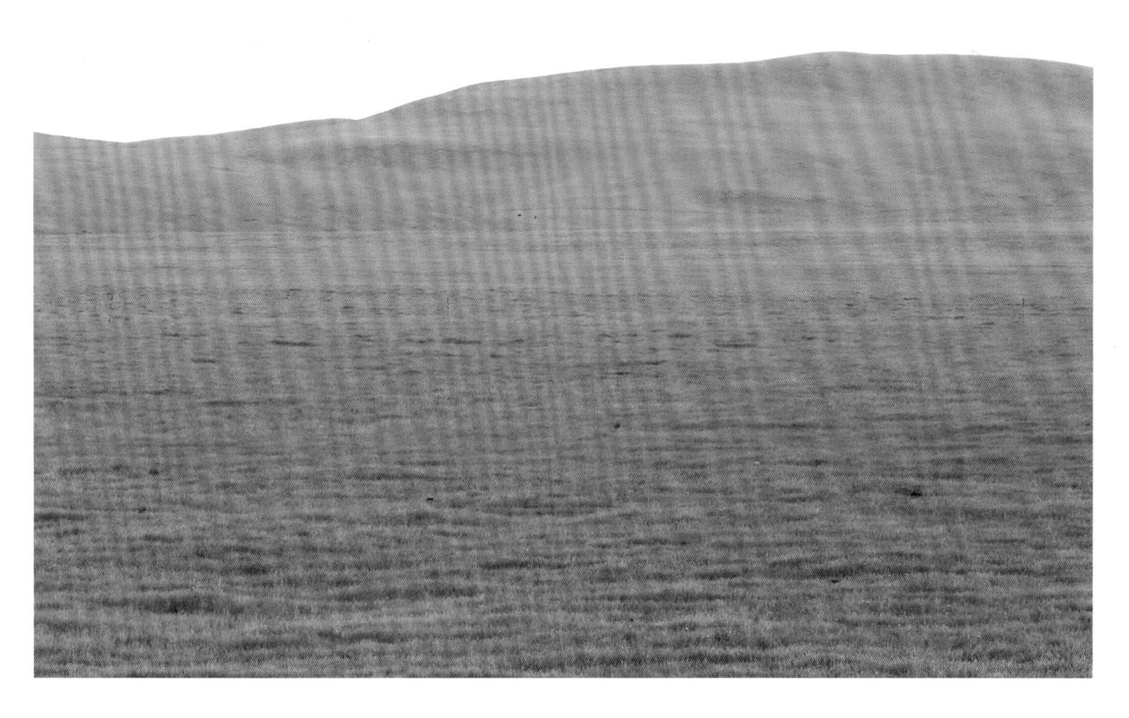

（二）沼泽化草甸亚类

沼泽化草甸亚类共分为1个组、2个草地型，即多年生莎草组：西藏嵩草草地型、华扁穗草草地型。

【多年生莎草组】该草地组集中分布于那曲中部聂荣县和色尼区。由于排水不良，常年或季节性积水，土壤的通透性差。该草地组在聂荣县主要分布于中部海拔4 600～4 900m的区域；色尼区各地均有分布；西部申扎县仅分布在县城水溢带，安多县主要在海拔5 000～5 100m的河滩地；比如县只分布于西北部部分乡镇；巴青县分布于与聂荣县的交界处；尼玛、双湖两县主要分布于积水处和各大湖泊退缩的边缘与其他积水处。

此类型草地气候寒冷而潮湿，夏季短暂，冬季严寒，野生牧草的生长期为90～160d，土壤为沼泽草甸土。

该草地组植被组成不甚复杂，但层次分明，主要植物有西藏嵩草、华扁穗草、线叶嵩草、矮生嵩草、垂穗披碱草、羊茅、海乳草、星状风毛菊、蒲公英、委陵菜、高原毛茛、早熟禾、展苞灯心草、三裂碱毛茛、鳞叶龙胆、银莲花等。

本类草地多为刈牧兼用草地，一般秋季刈割、冬春放牧，是那曲产量高、利用价值大的唯一可供刈割的天然草地，主要用来放牧绵羊、牦牛、山羊等。

【西藏嵩草草地型】以西藏嵩草为优势种，主要伴生种有矮生嵩草、高山嵩草、青藏苔草、蕨麻委陵菜、云生毛茛、高原毛茛、杉叶藻、海乳草、芸香叶唐松草、早熟禾、展苞灯心草、紫菀、珠芽蓼、圆穗蓼、柔小粉报春等。

【拍摄地点】果祖乡，海拔4 656m。

【华扁穗草草地型】以华扁穗草为优势种，主要伴生种有水草、海乳草、高山嵩草、苔草、冷地早熟禾、高原毛茛等。

【拍摄地点】申扎镇，海拔4 542m。

二、高寒草甸草原类

高寒草甸草原草地是在低温、半干旱的高寒气候下形成的一类草地，是高寒区草原类组中偏于湿润的一类。土壤主要以高山草甸土、高山灌丛草甸土为主，土层厚度20～40cm，具有薄而松的草毡层，坚韧而有弹性，有机质含量不高，质地多以砾石质或沙砾质为主。本类草地是那曲主要的畜牧业生产基地之一，横跨了本区东、中部。草地植物群落由寒旱生丛生禾草和中旱生杂类草组成，因地区不同而异，东部较为复杂，一般为10～30种，中部单调，仅为8～15种，以耐寒的多年生中生莎草，丛生禾草及灌木为主，亩产鲜草33～41kg。

主要优势种有莎草科的嵩草属、苔草属、蓼科的蓼属、菊科的风毛菊属、禾本科的早熟禾属、羊毛属、针茅属、毛茛科的金莲花属、银莲花属、蔷薇科的委陵菜属等。

高寒草甸草原类，共2个亚类，5个组，10个型。

（一）高寒草甸亚类

高寒草甸亚类，共分为3个组、10个型。

多年生莎草组：高山嵩草—紫花针茅草地型、西藏嵩草—金露梅草地型、高山嵩草—荨麻草地型、高山嵩草—丝颖针茅草地型、高山嵩草—垫状金露梅—紫花针茅草地型。

多年生杂类草组：具高山柳杂类草草地型、具鬼箭锦鸡儿—金露梅杂类草草地型、具高山柳—金露梅杂类草草地型、鸡骨柴—柏树杂类草草地型。

多年生禾草及盐碱化草甸组：碱茅—青藏苔草草地型。

【多年生莎草组】该草地组集中分布于那曲中部聂荣县和色尼区。由于排水不良，常年或季节性积水，土壤的通透性差。该草地组在聂荣县主要分布于中部海拔4 600～4 900m的区域；色尼区各地均有分布；西部申扎县仅分布在县城水溢带，安多主要在海拔5 000～5 100m的河滩地；比如县只分布于西北部部分乡镇；巴青县分布于与聂荣县的交界处；尼玛、双湖两县主要分布于积水处和各大湖泊退缩的边缘与其他积水处。

此类型草地气候寒冷而潮湿，夏季短暂，冬季严寒，野生牧草的生长期为90～160d，土壤为沼泽草甸土。

该草地组植被组成不甚复杂，但层次分明，主要植物有西藏嵩草、华扁穗草、线叶嵩草、矮生嵩草、垂穗披碱草、羊茅、海乳草、星状风毛菊、蒲公英、委陵菜、高原毛茛、早熟禾、展苞灯心草、三裂碱毛茛、鳞叶龙胆、银莲花等。

本类草地多为刈牧兼用草地，一般秋季刈割、冬春放牧，是那曲产量高、利用价值大的唯一可供刈割的天然草地。

【高山嵩草—紫花针茅草地型】以高山嵩草、紫花针茅为优势种，主要伴生种有短穗兔耳草、紫菀、矮金露梅、黄堇、芸香叶唐松草、风毛菊、独行菜、钉柱委陵菜、朝天委陵菜、白花枝子、肉果草、西藏微孔草、火绒草等。

【拍摄地点】帕那镇，海拔4 600m。

【具金露梅的西藏嵩草地型】以西藏嵩草、金露梅为优势种，主要伴生种有高山嵩草、矮生嵩草、珠芽蓼、美丽马先蒿、甘肃马先蒿、高原毛茛、早熟禾、棘豆、唐松草、独一味、锡金报春、弱小火绒草、黄芪、甘肃雪灵芝、钉柱委陵菜、三裂碱毛茛等。

【拍摄地点】扎拉镇，海拔4 367m。

【高山嵩草—荨麻草地型】以高山嵩草、高原荨麻为优势种，主要伴生种有短穗兔耳草、二裂委陵菜、胀果黄华、弱小火绒草、垫状金露梅、白苞筋骨草、垫状点地梅、甘肃雪灵芝、鸢尾等。

【拍摄地点】帕那镇，海拔4 769m。

【高山嵩草—丝颖针茅草地型】以高山嵩草、丝颖针茅为优势种，主要伴生种有二裂委陵菜、钉柱委陵菜、早熟禾、疏花针茅、藏豆、紫花针茅、匙叶翼首花、头花独行菜等。

【拍摄地点】古露镇，海拔4 117m。

【高山嵩草—垫状金露梅—紫花针茅草地型草地型】以高山嵩草、垫状金露梅、紫花针茅为优势种，主要伴生种有垫状黄芪、甘肃雪灵芝、青藏苔草、弱小火绒草、钉柱委陵菜、朝天委陵菜、棱子芹、西藏三毛草、黑苞风毛菊等。

【拍摄地点】滩堆乡，海拔4 816m。

【多年生杂类草组】该草地组分布于那曲中、东部地区海拔4 200 ~ 4 900m山地阴坡、浅山沟脑、阳坡，海拔4 600 ~ 4 900m的地带。该类草地气候寒冷而潮湿，多风，夏季短暂，冬季严寒。土壤为高山草甸土。

组成草群的牧草种类较多，以圆穗蓼、珠芽蓼为优势种；矮生嵩草、羊茅、钉柱委陵菜、细叶风毛菊、美丽风毛菊、鬼箭锦鸡儿、矮金露梅、垂穗披碱草、碱茅、青藏苔草、黄芪、白草、青海刺参、蒲公英、龙胆、二裂委陵菜、马先蒿、葛缕子、棱子芹、金莲花、狼毒、鹅绒委陵菜、独一味、甘肃雪灵芝、藏菠萝花、多刺绿绒蒿等为伴生种。

草层结构简单，层次分化不明显，本草地组由于分布的地区海拔较高，产草量低，家畜可食牧草有限，仅能作为暖季放牧地。

【具高山柳杂类草草地型】以高山柳为优势种，主要伴生种有珠芽蓼、黑褐苔草、独一味、党参、金露梅、西藏嵩草、高山嵩草、矮生嵩草、甘肃马先蒿、紫菀、翠雀花、早熟禾、芸香叶唐松草、美丽风毛菊、垂穗披碱草、棱子芹、甘青铁线莲、龙胆、弱小火绒草、乳白香青等。

【拍摄地点】雅安镇，海拔4 402m。

【具鬼箭锦鸡儿—金露梅杂类草草地型】以鬼箭锦鸡儿、金露梅为优势种，主要伴生种有双叉细柄茅、独一味、鹅绒委陵菜、二裂委陵菜、垂穗披碱草、珠芽蓼、矮生嵩草、高山嵩草、早熟禾、甘肃雪灵芝、火绒草、微孔草、橐吾、细叶苔草、芸香叶唐松草、风毛菊、西藏三毛草等。

【拍摄地点】雅安镇，海拔4 522m。

【具高山柳—金露梅杂类草草地型】以高山柳、金露梅为优势种，主要伴生种有双叉细柄茅、高山嵩草、早熟禾、黄芪、独一味、珠芽蓼、龙胆、钉柱委陵菜、甘肃马先蒿、苔草、西藏嵩草、火绒草、翠雀花等。

【拍摄地点】嘎美乡，海拔4 396m。

【鸡骨柴—柏树杂类草草地型】以鸡骨柴、柏树为优势种，主要伴生种有草玉梅、垂穗披碱草、短柄草、甘肃马先蒿、尼泊尔酸模、鼠掌老鹳草、蒲公英、黄芪、棘豆、藏沙蒿、甘青铁线莲、翠雀花、平车前、葛缕子等。

【拍摄地点】亚拉镇，海拔4 607m。

【多年生禾草及盐碱化草甸组】该草地组分布于那曲北部和西部地区，在唐古拉海拔4 990～5 200m的沟谷地，西部分布于海拔4 500～4 700m的湖盆及湖滨覆沙的盐化草甸上。

本草地类气候寒冷而潮湿（北部），西部则整个大气较为干旱，但因有覆沙，土壤水分不易蒸发而显得较为湿润。风力强劲，夏季短暂，冬季严寒。土壤为高山草甸土，盐化草甸土等。

组成草群的牧草种类较为单调，主要以草地早熟禾、碱茅、青藏苔草、垂穗披碱草、火绒草、镰叶韭、垫状棘豆、钉柱委陵菜等。

草层结构简单，层次分化不明显，由于类型不同，其高度、覆盖度及产草量亦差异较大。

本草地组由于分布的地区不同而不同。唐古拉山有的地区处在逆温带，牧草产量高，是良好的冬春放牧地。西部地区该草地由于海拔低，是良好的冷季放牧地。

【碱茅—青藏苔草草地型】以碱茅为优势种，主要伴生种有青藏苔草、紫花针茅、垂穗披碱草、火绒草、棱子芹、小大黄、矮羊茅、镰叶韭、垫状黄芪、垫状棘豆、早熟禾、二裂委陵菜等。

【拍摄地点】唐古拉，海拔5 136m。

（二）高山灌丛草甸亚类

高山灌丛草甸亚类，共分为2个组、5个型。

常绿灌丛组：具雪层杜鹃—高山柳的嵩草草地型；

落叶灌丛组：鬼箭锦鸡儿—高山嵩草草地型、金露梅—高山柳—高山嵩草草地型、金露梅—高山嵩草草地型、具乔木的高山嵩草草地型。

【常绿灌丛组】该草地组集中分布于那曲东部和东南部海拔4 200～4 600m的阴坡地带，索县较集中分布于荣布等；巴青县雅安等；嘉黎县忠玉等；比如县白嘎等。

此类型草地气候较冷而潮湿，夏季温暖，冬季严寒，土壤为高山灌丛草甸土。

植物组成较为复杂，灌丛主要有雪层叠层杜鹃、高山柳、鲜卑花、茶藨子、高山绣线菊、金露梅、刚毛忍冬、鬼箭锦鸡儿、川西锦鸡儿、小檗等，草本植物主要有圆穗蓼、珠芽蓼、草玉梅、羊茅、黑褐苔草、金莲花、螃蟹甲、沼生柳叶菜、箭叶橐吾、紫菀、叉枝蓼、黄花棘豆、高原荨麻、肉果草、绿花党参、独一味、龙胆、甘肃马先蒿、西藏嵩草、钉柱委陵菜、翠雀花等。

灌草结构复杂，但层次明显，因灌丛稠稀不等，利用率亦不同，一般郁闭度在0.4以下的地段可以用来放牧牦牛、黄牛，大于0.4则不宜作为放牧地。该草地类通常作为牦牛或黄牛的暖季放牧地。

【具雪层杜鹃—高山柳的嵩草草地型】以雪层杜鹃、高山柳为优势种，主要伴生种有珠芽蓼、锡金岩黄芪、矮生嵩草、黑褐苔草、蒲公英、棘豆、高山绣线菊、鬼箭锦鸡儿、棱子芹、绿花党参、阿拉善马先蒿、火绒草、草玉梅、毛茛等。

【拍摄地点】阿扎镇，海拔4 246m。

【落叶灌丛组】该类草地组分布于那曲东、中部的色尼区、索县、比如、嘉黎、巴青五县。金露梅—鬼箭锦鸡儿草地型主要分布在海拔4 200 ~ 4 900m的山地阴坡，周围基本被圆穗蓼—高山嵩草草地型包围。

本组草地多处于半湿润或半干旱状态，夏季温暖，冬季严寒，土壤为高山灌丛草甸土。

本草地组植物组成较为复杂，主要植物有金露梅、鬼箭锦鸡儿、鸡骨柴、川西锦鸡儿、高山柳、大籽蒿、高山嵩草、矮生嵩草、黑褐苔草、羊茅、碎米荠、异针茅、风毛菊、异叶青兰、委陵菜、早熟禾、卷鞘鸢尾、披碱草、乳白香青、青藏狗娃花、白草、糙苏。

本草地类组的草地主要用来作为天然放牧地。一般海拔4 600 ~ 4 900m的地段用来作为暖季放牧地，而4 000 ~ 4 600m的地段主要作为冷季放牧地。

【具鬼箭锦鸡儿—高山嵩草草地型】以鬼箭锦鸡儿、高山嵩草为优势种，主要伴生种有美丽风毛菊、黑苞风毛菊、珠芽蓼、高山嵩草、钉柱委陵菜、白花刺参、独一味、双叉细柄茅、小大黄、翠雀花等。

【拍摄地点】雅安镇，海拔4 409m。

【具金露梅—高山柳—高山嵩草草地型】以金露梅、高山柳、高山嵩草为优势种，主要伴生种有珠芽蓼、双叉细柄茅、矮生嵩草、青藏苔草、早熟禾、垂穗披碱草、短柄草、小大黄、紫花针茅、秦艽、独一味、钉柱委陵菜、柔软紫菀、小金莲花、草地老鹳草、乳白香青、甘肃雪灵芝、绿花党参、黄花棘豆、火绒草、大戟、美丽风毛菊等。

【拍摄地点】嘎美乡，海拔4 389m。

【具金露梅—高山嵩草草地型】以金露梅、高山嵩草为优势种，主要伴生种有双叉细柄茅、珠芽蓼、高山嵩草、矮生嵩草、苔草、草玉梅、甘肃马先蒿、棘豆、圆穗蓼、黄花棘豆、火绒草、鼠掌老鹳草、早熟禾、高原荨麻、垂穗披碱草、阿拉善马先蒿、马尿泡、大戟、毛茛、甘肃雪灵芝、芸香叶唐松草等。

【拍摄地点】扎拉镇，海拔4 238m。

【具乔木的高山嵩草草地型】以高山嵩草为优势种，主要伴生种有圆柏、短穗兔耳草、白苞筋骨草、甘肃雪灵芝、美丽风毛菊、西藏嵩草、青藏苔草、二裂委陵菜、早熟禾、独一味、紫花针茅、秦艽、龙胆等。

【拍摄地点】比如镇，海拔4 398m。

三、高寒草原类

高寒草原草地是在寒冷干旱多风的高海拔高原、高山条件下发育而成的一类草地。本草地类是那曲重要的畜牧业生产基地，主要分布于西部尼玛、双湖、班戈、申扎以及安多县的西部海拔4 400～5 000m的河谷阶地、湖盆地、宽谷地及洪积—冲积扇以及丘陵山地等。

草地群落植物组成以寒旱生丛生禾草为主，草群稀疏、低矮。土壤主要为冷钙土，质地粗糙、疏松，结构性差，多为沙砾质或沙壤土，土层薄，有机质含量低。降水少，蒸发强度大，风力强劲。

组成草层的植物种类由于地区和海拔高度不同而异。一般来说，海拔4 500～4 700m的湖盆地、糊盆阶地，河谷地和洪积—冲积地较为单调，主要有紫花针茅、青藏苔草、二列委陵菜、矮火绒草、碱茅、矮金露梅、燥原荠、藏荠、小叶棘豆、青海刺参、藏菠萝花、藏玄参、短穗兔耳草、肉果草、风毛菊、雪灵芝、独一味、藏布红景天、垫状点地梅、异叶青兰、马先蒿、西伯利亚蓼等。在4 700～5 200m的地方植物种类较为复杂。

本类草地草层一般具有2～4个层片，草高一般为5～18cm，高者可达20～32cm，低者只有3～5cm。海拔4 900～5 200m的地方常出现垫状植被。每年7月底至8月底紫花针茅正处于抽穗期，银白色的长芒随风飘扬，犹如滚滚的麦浪，形成高原奇特的景色，十分壮观。

此草地类平均亩产鲜草24～37kg。

高寒草原类，共为2个亚类，4个组，24个型。

（一）高寒草原亚类

高寒草原亚类，共分为3个组，22个型。

丛生禾草组：紫花针茅草地型、紫花针茅—冰川棘豆草地型、紫花针茅—杂类草草地型、紫花针茅—细叶苔草—二花棘豆草地型、紫花针茅—西藏三毛草草地型、紫花针茅—嵩草草地型、紫花针茅—青海刺参草地型、梭罗草草地型、紫花针茅—小叶棘豆+青海刺参草地型、固沙草草地型、细叶苔草—小叶棘豆+紫花针茅草地型、白草—固沙草草地型、小叶棘豆—紫花针茅草地型、冰川棘豆—白草草地型、狼毒—紫花针茅草地型、固沙草—紫花针茅草地型、青藏苔草—紫花针茅草地型、青藏苔草—早熟禾草地型、西藏三毛草—紫花针茅草地型、胀果黄华—青海刺参草地型。

根茎苔草组：青藏苔草草地型。

小半灌木组：藏沙蒿草地型。

【丛生禾草组】本草地组是高寒草原类中最具有代表性，且饲用价值最高的草地组。广泛分布于那曲西部海拔4 100～5 000m的河谷阶地、湖盆地、低山丘陵、湖滨平原等。气候寒冷而干旱，夏季短暂，冬季漫长，冷季长达8个月之久，生境条件十分严酷，但野生牧草仍有90～150d的生长期。

组成草群的植物较为简单：主要以寒旱生丛生禾草占优势，常见的植物有紫花针茅、火绒草、银洽草、二裂委陵菜、细叶苔草、垫状黄芪、藏菠萝花、藏玄参、短穗兔耳草、蒲公英、肉果草、风毛菊、无茎黄鹌菜、朝天委陵菜、二花棘豆、冰川棘豆、平车前、垂穗披碱草、雪灵芝、丝颖针茅、垫状点地梅、藏沙蒿、狼毒、青藏苔草、粗状嵩草、高山嵩草、毛茛、早熟禾、龙胆、青海刺参等。

草群具有2～4个层片，丛生禾草一般高为5～18cm，最高者可达35cm，低者为3cm；草地覆盖度通常为25%～43%，高者可达53%，低者仅为12%。牧草一般在5月中旬开始萌发，7月中旬生长旺盛，7月底抽穗，9月中旬地上部分枯黄进入枯黄期。

【紫花针茅草地型】以紫花针茅为优势种，主要伴生种有细叶苔草、二裂委陵菜、藏菠萝花、藏玄参、短穗兔耳草、火绒草、银洽草、垫状黄芪、蒲公英、肉果草、风毛菊、朝天委陵菜、无茎黄鹌菜、二花棘豆等。

【拍摄地点】措折罗玛镇，海拔4 649m。

【紫花针茅—冰川棘豆草地型】以紫花针茅、冰川棘豆为优势种，主要伴生种有黄芪、白草、二裂委陵菜、藜、毛茛、狼毒、肉果草等。

【拍摄地点】尼玛镇，海拔4 565m。

【紫花针茅—杂类草草地型】以紫花针茅为优势种，主要伴生种有高山嵩草、乳白香青、垂穗披碱草、风毛菊、火绒草、垫状黄芪、西藏三毛草、早熟禾、细叶苔草、二裂委陵菜、甘肃雪灵芝等。

【拍摄地点】拉西镇，海拔4 146m。

【梭罗草草地型】以梭罗草为优势种，主要伴生种有紫花针茅、粗壮嵩草、矮羊茅、垂穗披碱草、金莲花、冰草、火绒草、黄芪、藏西风毛菊、细叶苔草、早熟禾、迭裂黄堇、高山大戟、奇林翠雀花、甘肃雪灵芝。

【拍摄地点】措玛乡，海拔4 613m。

【细叶苔草—小叶棘豆—紫花针茅草地型】以细叶苔草为优势种，主要伴生种有小叶棘豆、紫花针茅、弱小火绒草、甘肃雪灵芝、垫状黄芪、藏布红景天、高山嵩草、朝天委陵菜、垫状点地梅、矮羊茅、二裂委陵菜等。

【拍摄地点】彭措湖边，海拔4 552m。

【小叶棘豆—紫花针茅草地型】以小叶棘豆为优势种，主要伴生种有紫花针茅、矮火绒草、粗壮嵩草、矮羊茅、细叶苔草、二裂委陵菜、洽草、甘肃雪灵芝、垫状点地梅等。

【拍摄地点】强玛乡，海拔4 589m。

【狼毒—紫花针茅草地型】以狼毒、紫花针茅为优势种，主要伴生种有藏布红景天、垫状黄芪、细叶苔草、风毛菊、火绒草、雪灵芝、二花棘豆、无茎黄鹌菜、黄堇、龙胆等。

【拍摄地点】北拉镇，海拔4 618m。

【固沙草草地型】以固沙草为优势种，主要伴生种有二裂委陵菜、矮羊茅、藜、白花枝子等。

【拍摄地点】普保镇，海拔4 623m。

【白草—固沙草草地型】以白草为优势种，主要伴生种有固沙草、苔草、二裂委陵菜、白花枝子、矮羊茅等。

【拍摄地点】普保镇，海拔4 550m。

【冰川棘豆—白草草地型】以冰川棘豆为优势种，主要伴生种有白草、二花棘豆、狼毒等。

【拍摄地点】申扎镇，海拔4 669m。

【青藏苔草—紫花针茅草地型】以青藏苔草为优势种，主要伴生种有紫花针茅、固沙草、二花棘豆、垫状黄芪、无茎黄鹌菜、矮生嵩草等。

【拍摄地点】尼玛镇，海拔4 630m。

【固沙草—紫花针茅草地型】以固沙草为优势种，主要伴生种有紫花针茅、青藏苔草、细叶苔草、粗壮嵩草、无茎黄鹌菜、黄芪、龙胆、白花枝子等。

【拍摄地点】尼玛镇，海拔4 610m。

【青藏苔草—早熟禾草地型】以青藏苔草为优势种，主要伴生种有早熟禾、鹅觀草、垫状点地梅、钉柱委陵菜、匍匐水柏枝、垫状金露梅、火绒草、龙胆、紫花针茅、垫状黄芪、高山嵩草、短穗兔耳草等。

【拍摄地点】措江乡，海拔5 007m。

【紫花针茅—细叶苔草—二花棘豆草地型】以紫花针茅为优势种，主要伴生种有垫状金露梅、火绒草、雪灵芝、葶苈、粗壮嵩草、狗娃花等。

【拍摄地点】巴岭乡，海拔4 938m。

【紫花针茅—西藏三毛草草地型】以紫花针茅为优势种，主要伴生种有西藏三毛草、二裂委陵菜、火绒草、狗娃花、朝天委陵菜、风毛菊、西藏微孔草、唐松草等。

【拍摄地点】措玛乡，海拔4 762m。

【西藏三毛草—紫花针茅草地型】以西藏三毛草为优势种，主要伴生种有紫花针茅、风毛菊、白花枝子、二花棘豆、垫状黄芪、白苞筋骨草、高山嵩草、二裂委陵菜、狗娃花、火绒草、甘肃马先蒿、小叶棘豆、朝天委陵菜、矮羊茅、粗壮嵩草、藏菠萝花等。

【拍摄地点】帕那镇，海拔4 606m。

【胀果黄华—青海刺参草地型】以胀果黄华为优势种，主要伴生种有青海刺参、西藏三毛草、藏沙蒿、火绒草、狗娃花、藏玄参、肉果草等。

【拍摄地点】帕那镇，海拔4 733m。

【紫花针茅—嵩草草地型】以紫花针茅为优势种，主要伴生种有高山嵩草、黑苞风毛菊、火绒草、垫状黄芪、西藏三毛草、早熟禾、细叶苔草、二裂委陵菜、禾叶风毛菊、独一味等。

【拍摄地点】那么切乡，海拔4 368m。

【紫花针茅—青海刺参草地型】以紫花针茅为优势种，主要伴生种有青海刺参、小叶棘豆、垫状黄芪、垫状点地梅、甘肃雪灵芝、二裂委陵菜、矮羊茅、洽草、细叶苔草、高山嵩草、黑苞风毛菊、西藏三毛草、禾叶风毛菊、独一味等。

【拍摄地点】强玛乡，海拔4 572m。

【紫花针茅—小叶棘豆—青海刺参草地型】以紫花针茅为优势种，主要伴生种有青海刺参、小叶棘豆、垫状黄芪、细叶苔草、高山嵩草、甘肃雪灵芝、二裂委陵菜、矮羊茅、洽草、黑苞风毛菊、无茎黄鹌菜、西藏三毛草等。

【拍摄地点】强玛乡，海拔4 567m。

【根茎苔草组】本草地组主要分布于那曲西部和北部海拔4 600 ~ 5 200m的宽谷、湖盆、丘陵山地的阴坡以及宽谷、湖盆的覆沙地上。双湖和安多两县较为突出。

气候寒冷而干旱，夏季短暂，冬季漫长，冷季长达8个月以上，生境条件十分严酷，野生牧草的生长期仍有80 ~ 150d。土壤为高山草原土。组成草群的植物较为简单，主要以寒旱生根茎莎草为主，常见的牧草有青藏苔草、紫花针茅、矮生嵩草、粗状嵩草、垫状驼绒藜、二列委陵菜、早熟禾、梭罗草、垫状黄芪、藏野青茅、青海刺参、二花棘豆、小叶棘豆、固沙草、无茎黄鹌菜、垫状雪灵芝、火绒草、藏荠、燥原荠、风毛菊、赖草、钉柱委陵菜等。

草群一般具有2 ~ 4个层片，优势植物一般高3 ~ 25cm，草地覆盖度通常为12% ~ 35%，最高可达53%。牧草一般在5月中下旬开始萌发，7月中旬开始抽穗，8月底结籽，9月下旬地上部分全部枯黄，草地开始了枯草期。

【青藏苔草草地型】以青藏苔草为优势种，主要伴生种有芒洽草、二裂委陵菜、早熟禾、紫花针茅、弱小火绒草、粗壮嵩草、龙胆等。

【拍摄地点】帮爱乡，海拔5 001m。

【小半灌木组】本草地组主要分布于双湖、尼玛4 500～4 800m的冲积—洪积扇、湖滨平原和湖滨阶地上。双湖分布于海拔4 500～4 600m的巴岭乡区域，尼玛分布于当若雍错及各大湖滨阶地、冲积扇上，一般海拔为4 600～4 800m。

因分布地区不同而异，相对而言，双湖分布区气候寒冷而干旱，生境条件较为严酷，而尼玛则相对较为温暖，各大湖周边可种植一些青稞、芫根、小白菜、萝卜等作物，但草地多分布于洪积—冲积扇，生境条件仍较严酷，地表有大量砂砾石，土壤水分不易蒸发。

组成草群的草类较为简单，主要以寒旱生和寒中生植物为主，主要建群种为小半灌木藏沙蒿，常见植物有灌木亚菊、二裂委陵菜、狗娃花、藏菠萝花、藏玄参、藏布红景天、紫花针茅、青藏苔草等。草层结构简单，层次分明。

【藏沙蒿草地型】以藏沙蒿为优势种，主要伴生种有高山嵩草、早熟禾、马先蒿、藏布红景天、苔草等。

【拍摄地点】文部南村，海拔4 697m。

（二）高寒灌丛草原亚类

高寒灌丛草原亚类，分为1个组、2个型。

落叶灌丛组：匍匐水波之草地型、藏沙棘—藏沙蒿草地型。

【落叶灌丛组】本草地组主要分布于双湖、安多4 300 ~ 5 700m的湖滨平原和湖滨阶地上。因分布地区不同而异，相对而言，如巴青县、尼玛县、索县局部地区也有分布，分布区域气候相对较温和，植株相对较高，密闭度较大。

组成草群的草类简单，主要建群种为匍匐水柏枝、藏沙蒿、藏沙棘，常见植物有细叶苔草、紫花针茅、鹅鹳草、早熟禾、垫状点地梅、二花棘豆、甘肃雪灵芝、禾叶风毛菊、红景天、弱小火绒草、唐古拉翠雀、垫状金露梅等。

【匍匐水柏枝草地型】以匍匐水柏枝为优势种，主要伴生种有粗壮嵩草、高山嵩草、细叶苔草、梭罗草、紫花针茅、鹅鹳草、早熟禾、灌木亚菊、矮羊茅、垫状点地梅、二花棘豆、马先蒿、火绒草、甘肃雪灵芝、紫菀、禾叶风毛菊、红景天、弱小火绒草、唐古拉翠雀、垫状金露梅等。

【拍摄地点】双湖冰川一带，海拔5 101m。

【藏沙棘—藏沙蒿草地型】以藏沙棘、藏沙蒿为优势种，主要伴生种有朝天委陵菜、早熟禾、藏蝇子草、棘豆、短穗兔耳草、甘肃马先蒿、白花枝子、垂穗披碱草、梭罗草、紫花针茅、灌木亚菊、粗壮嵩草等。

【拍摄地点】帕那镇，海拔4 812m。

四、高寒荒漠草原类

高寒荒漠草原草地是在气候更加干旱寒冷条件下形成的，是有高寒草原向高寒荒漠草地过渡的类型，占据着干旱湖盆外缘沙砾质缓坡、剥蚀的高原区、山麓洪积扇和山坡地。分布在双湖北部可可西里山和昆仑山之间海拔4 800 ~ 5 200m的湖盆砂地，昆仑山南坡山前洪积扇地上，该区域属于羌塘无人区。

气候极端寒冷而干旱，夏季短暂而凉爽，冬季漫长而严寒，没有绝对无霜期，日照强烈，紫外线极强，8级以上大风日可达200d以上，最多可达300d，雨季可一日数雨，频繁而量少。

由于气候干旱，风力强劲，地表常有砂砾石覆盖，土层有砂砾石覆盖，土层厚度仅10 ~ 20cm，土壤为寒钙土，质地粗糙、疏松，多为沙砾质或沙壤质，土层薄，有机质含量低。区内地貌类型以高寒低山、起伏不大的丘陵、平原、湖盆相间，地势平缓。低山和丘陵间，剥蚀和湖泊沉积的宽广高平原，其间大小湖泊星罗棋布，因蒸发大，而补给水量极小，因而周围留下广坦的湖滨，湖水含盐量增高，多为咸水湖或盐湖。

组成草层的植物较为单调，优势植物为垫状驼绒藜，有些地方有亚优势种植物青藏苔草。主要伴生种有藏荠、紫花针茅、二列委陵菜等。

草层一般仅1 ~ 3个层片，草高2 ~ 7cm，草地覆盖度10% ~ 23%，每亩鲜草产量13 ~ 21kg。因是无人区，目前尚未放牧利用，主要被野生动物所控制，主要动物有野牦牛、藏野驴、藏羚羊、啮齿类的高原鼠兔，食肉类的狼、狐等。

高寒荒漠类草地，共为2个亚类，2个组，6个型。

高寒荒漠亚类

高寒荒漠亚类，共分为1个组，4个型。

小半灌木组：红景天—水柏枝草地型、青甘韭草地型、青海刺参草地型、杂类草草地型。

【小半灌木组】本草地组主要分布于双湖县、尼玛县4 500～4 800m的冲积—洪积扇、湖滨平原和湖滨阶地上。双湖分布于海拔4 500～4 600m的巴岭乡区域，尼玛县分布于当若雍措及各大湖滨阶地、冲积扇上，一般海拔为4 600～4 800m。

组成草群的草类较为简单，主要建群种为红景天、匍匐水柏枝、青甘韭、青海刺参，常见植物狗娃花、风毛菊、藏布红景天、火绒草、二裂委陵菜、茎直黄芪、冻原白蒿、螃蟹甲、独一味等。

【青甘韭草地型】以青甘韭为优势种，主要伴生种有二裂委陵菜、茎直黄芪等。

【拍摄地点】文部北村，海拔4 642m。

【青海刺参草地型】以青海刺参为优势种，主要伴生种有二裂委陵菜、冻原白蒿、螃蟹甲、独一味等。

【拍摄地点】文部乡，海拔4 679m。

【杂类草草地型】组成植物群落主要有二裂委陵菜、狗娃花、风毛菊、藏布红景天、火绒草等。

【拍摄地点】措罗乡，海拔4 710m。

【红景天—水柏枝草地型】以红景天为优势种，主要伴生种有匍匐水柏枝、高山嵩草、火绒草、矮羊茅、禾叶风毛菊、雪灵芝、龙胆、鹅鹳草、马先蒿、垫状点地梅等。

【拍摄地点】双湖冰川一带，海拔5 278m。

五、高寒荒漠类

高寒荒漠类草地是在寒冷和极短干旱的高原或高山亚寒带气候条件下，有超旱生垫状半灌木、垫状或莲座状草本植物为主发育形成的草类型。气候条件十分严酷，各月均在0℃以下，即使在夏季，夜冻昼融现象也频繁发生，没有绝对无霜期，紫外线极强，8级以上的大风日在200～280d。土壤为高山寒漠土，多分布于分水岭脊、古冰斗、古冰碛平台等地段，现代冰川和寒冻分化作用十分强烈，山坡上岩石裸露、岩屑和冰碛石满布，活动的岩屑堆和条带状融冻石流广泛分布，冰碛石占90%以上，细粒物质仅在冰碛石间沉积。

主要分布在11县（区）海拔4 850～5 200m的山体上，上接高山碎石带，下连嵩草—垫状植被草地型草地，是本地区分布最广的一类草地。

草地植被稀疏，植物组成简单，优势种单一、明显，以耐寒的超旱生植物垫状驼绒藜、红景天为优势种，伴生植物种类少，常见的有青藏苔草、蒲公英，柔软紫菀、重齿风毛菊、矮生嵩草、羊茅、全缘绿绒蒿、二类委陵菜、垫状点地梅、甘肃雪灵芝、龙胆、雪莲、藏荠、矮金露梅、虎耳草、胎生早熟禾等。由于环境恶劣，单位面积产草量较低，利用价值不大，仅作为夏季辅助放牧地。

此类草地亩产鲜草12～16kg。

高寒荒漠类草地，共分为1个组，2个型。

垫状杂类草组：垫状植被草地型、垫状金露梅草地型。

【垫状杂类草组】本草地组主要分布在11县（区）海拔4 850～5 200m的山体上，上接高山碎石带，下连嵩草—垫状植被草地型草地。

组成草群的草类较为简单，主要建群种有垫状黄芪、垫状金露梅、垫状雪灵芝，常见植物小叶棘豆、二花棘豆、紫花针茅等。

【垫状植被草地型】组成群落常见植物为垫状黄芪、垫状金露梅、雪灵芝、垫状点地梅、火绒草、小叶棘豆、风毛菊、白花枝子、紫花针茅、棱子芹、二花棘豆、粗壮嵩草、二裂委陵菜等。

【拍摄地点】措江乡，海拔4 936m。

【垫状金露梅草地型】以垫状金露梅为优势种，主要伴生种有弱小火绒草、紫花针茅、钉柱委陵菜、垫状黄芪、垫状点地梅、马先蒿、高山嵩草、龙胆等。

【拍摄地点】文部北村，海拔4 880m。

六、山地草甸类

山地草甸类草地是在温带气候带，气候温和与降水充沛的生境条件下，在山地垂直带上，有丰富的中生草本植物为主均发育形成的一种草地类型，气候温暖而湿润，夏季温暖，冬季严寒；土壤为山地草甸土。主要分布于那曲的巴青县、嘉黎县、比如县和索县海拔3 800～4 600m的河谷阶地、山前洪积扇和线山向阳疏林地带。

草群组成以中生禾草、杂类草为主，植物群落较为复杂，每平方植物20～30种，主要有垂穗披碱草、白草、羊茅、早熟禾、双叉细柄茅、直穗小檗、鲜黄小檗、白桦、草地老鹳草、黄帚橐吾、乳白香青、矮火绒草、蒲公英、风毛菊、茎直黄芪、云南黄芪、圆穗蓼、线叶嵩草、珠芽蓼、鹅绒委陵菜、秦艽、狼毒、小金莲花、紫菀、西伯利亚蓼等。

草层一般具有4～6个层片，高一般为5～35cm，最高可达60cm以上，草层覆盖度80%～100%，牧草产量为62～83kg/亩。

山地草甸类，共分为1个组，5个型。

疏林禾草组：具乔木禾草草地型、具灌木—杂类草草地型草地型、垂穗披碱草—早熟禾草地型、高山流石滩—灌丛植被草地型、珠芽蓼草地型。

【疏林禾草组】主要分布于巴青县、比如县、索县、嘉黎县海拔3 800～4 600m的疏林阳坡地上，主要乔木是圆柏。索县主要分布于海拔4 300m以下山地阳坡，其间生长大量的圆柏；比如县分布于中部、东部和南部4 000～4 500m的白嘎等乡镇；嘉黎县主要分布于绒多等乡镇以及县西南与拉萨市交界处等；巴青县分布于与索县交界处的东南雅安等区域。

【具乔木禾草草地型】以云杉为优势种，主要伴生种有短柄草、乳白香青、唐松草、箭叶橐吾、桃儿七、老鹳草、珠芽蓼、圆穗蓼、柳兰、紫菀、鹅绒委陵菜、小檗、秦艽、甘肃马先蒿、凸额马先蒿、美丽马先蒿等。

【拍摄地点】忠玉乡，海拔3 800m。

【具灌木—杂类草草地型】以鲜黄小檗、柏树为优势种，主要伴生种有短柄草、紫菀、乳白香青、奇林翠雀花、草玉梅、箭叶橐吾、掌叶橐吾、葛缕子、圆穗蓼、垂穗披碱草、甘肃马先蒿、白花刺参、露蕊乌头、早熟禾、珠芽蓼、直梗唐松草等。

【拍摄地点】比如镇，海拔4 087m。

【垂穗披碱草—早熟禾草地型】以垂穗披碱草、早熟禾为优势种，主要伴生种有蒿、棘豆、黄芪、白草、青海刺参、蒲公英、龙胆、二裂委陵菜、甘肃马先蒿、圆穗蓼、珠芽蓼、葛缕子、棱子芹、金莲花、狼毒等。

【拍摄地点】达唐乡，海拔4 217m。

【高山流石滩—灌丛植被草地型】组成群落的植物有垂穗披碱草、早熟禾、高山柳、金露梅、岩生忍冬、高原荨麻、鸡爪蓼、红景天、合头菊、星状风毛菊、高山蒿草、肉果草、鹅鹳草、黄花棘豆、茶藨子、高山绣线菊、叉枝蓼、匍匐水柏枝、柔小粉报春、葛缕子、苔草、全缘叶绿绒蒿等。

【拍摄地点】卓玛峡谷，海拔4 892m。

【珠芽蓼草地型】以珠芽蓼为优势种，主要伴生种有圆穗蓼、矮生嵩草、早熟禾、苔草、钉柱委陵菜、美丽风毛菊、垫状点地梅、垫状雪灵芝、阿拉善马先蒿、高山唐松草、矮火绒草、银莲花、金莲花、藏菠萝花、独一味、秦艽、高原荨麻、肉果草、黄花棘豆、葛缕子等。

【拍摄地点】比如镇，海拔4 493m。

第四部分

西藏那曲草地植物资源

此次调查收录有常见植物57科，179属，332种。其中菊科种数最多，计20属，43种，占植物总数的12.95%；其次为禾本科、玄参科、毛茛科。

在332种植物中，有饲用价值的植物108种，占植物总数的32.53%，其中禾本科25种，占植物总数的7.53%居饲用植物之首；其次为菊科、蔷薇科、莎草科分别占占植物总数的6.93%、3.92%、2.71%。

主要有毒有害植物10科，103种，占种总数的31.02%，其中玄参科18种，占植物总数的5.42%，占有毒有害植物之首，豆科居第二位，毛茛科第三位。

蕨类植物门

【学名】蕨　*Pteridium aquilinum* var. latiusculum

【科】蕨科　**Pteridiaceae**

【属】蕨属　***Pteridium* Gled. ex Scop.**

【形态特征】多年生草本；根状茎长而横走，密被锈黄色柔毛，后脱落；叶疏生，近革质，卵状三角形或宽卵形，有长柄，三回羽状分裂，羽叶8对，叶脉羽状，侧脉2叉。

【生境】山地林边灌丛，海拔3 100～4 800m。

【分布】色尼区、比如县、巴青县、索县、嘉黎县。

【拍摄地点】嘉黎县。

【学名】黄山鳞毛蕨 ***Dryopteris hwangshanensis* Ching**

【科】鳞毛蕨科 **Dryopteridaceae**

【属】鳞毛蕨属 ***Dryopteris* Adans.**

【形态特征】多年生草本；根状茎粗壮，直立或斜升，连同叶柄基部密被淡棕色、全缘、披针形的大鳞片；叶簇生，呈莲座状，深禾秆色，基部向上同叶轴和羽轴密被棕红色、分枝的、披针形鳞片，不呈囊泡状，叶片披针形至长圆状披针形，先端渐尖并羽裂，基部缩狭，二回羽状，小羽片呈镰刀形，互生，斜向上，全缘或具疏浅锯齿，顶端圆钝，具粗锯齿；沿叶脉有纤维状的小鳞片；孢子囊群圆形，着生于小脉顶端，靠近小羽片边缘；囊群盖圆形，棕色，全缘，宿存。

【生境】山地林下或阴湿沟边的岩石上，海拔3 100 ~ 3 600m。

【分布】色尼区、比如县、嘉黎县。

【拍摄地点】嘉黎县。

【学名】高山瓦韦　*Lepisorus soulieanus*（Christ）Ching et S. K. Wu

【科】水龙骨科　**Polypoiaceae**

【属】瓦韦属　***Lepisorus* Ching**

【形态特征】附生植物；根状茎横走，密被鳞片，鳞片黑褐色；叶近生，纤细，光滑，披针形，顶端钝尖或钝圆，基部楔形，两侧常不对称，全缘，叶干后纸质，灰绿色，背面呈灰白色，光滑或偶有少许褐色、卵状披针形的小鳞片，孢子囊群圆形，生于叶边和中肋之间，彼此以两倍宽的间隔分开；隔丝卵状披针形，边缘具长刺齿，棕褐色。

【生境】附生于林下树干或岩石上，海拔3 300 ~ 4 500m。

【分布】嘉黎县。

【拍摄地点】嘉黎县。

裸子植物门

【学名】西藏落叶松　*Larix griffithiana*（Ling. et Gord.）Hort. ex Cerr.

【科】松科　**Pinaceae**

【属】落叶松属　***Larix* Mill.**

【形态特征】乔木；树皮深纵裂；大枝平展，小枝细长，下垂，幼枝有毛；一年生枝条淡黄绿色；短枝近平滑，其上留有极短的芽鳞残基；叶上面仅中脉的基部隆起，下面沿中脉两侧有气孔线；雌球花和幼果的苞鳞显著向后反折，先端急尖；果球成熟时淡褐黄色或褐色，圆柱形或椭圆状圆柱形；苞鳞较种鳞为长，到卵状披针形或卵状披针形，中上部反折或反曲，先端急尖；种子连翅长约1cm。

【生境】林地，海拔3 200～4 000m。

【分布】比如县、嘉黎县。

【拍摄地点】嘉黎县。

【学名】青海云杉　*Picea crassifolia* **Kom.**

【科】松科　**Pinaceae**

【属】云杉属　***Picea*** **Dietr.**

【形态特征】乔木；高达20m；一年生枝淡绿色黄色，二年生枝淡褐黄色，常被白粉；小枝基部宿存的芽鳞开展或反曲；冬芽圆锥形；叶四棱状条形，在长枝上螺旋状排列，顶端钝或具小尖头；球果圆柱形或长圆状圆柱形，成熟前种鳞背部露出绿色，上部边缘紫红色，成熟时变为褐色；苞鳞短小，三角状匙形。

【生境】阴坡、沟谷、林地，海拔3 200～3 800m。

【分布】色尼区、比如县、嘉黎县。

【拍摄地点】比如县。

【学名】香柏　*Thuja occidentalis* L

【科】柏科　**Cupressaceae**

【属】圆柏属　***Sabina* Mill.**

【形态特征】匍匐灌木；叶为刺形、三叶交叉轮生、背脊明显，生叶小枝呈六棱形最为常见，但亦有刺叶较短较窄、排列较密，或兼有短刺叶（可呈鳞状刺形）及鳞叶（在枝上交叉对生、排列紧密，生叶小枝呈四棱形）的植株。

【生境】高山灌丛、灌丛草甸地带常组成茂密的高山单纯灌丛，或与高山栎类、小叶杜鹃等混生，海拔3 800～4 300m。

【分布】色尼区、比如县、巴青县、索县、嘉黎县。

【拍摄地点】卓玛峡谷。

【学名】大果圆柏　*Sabina tibetica* **Kom**

【科】柏科　**Cupressaceae**

【属】圆柏属　***Sabina* Mill.**

【形态特征】乔木，稀呈灌木状；枝条较密或较疏，树冠绿色、淡黄绿色或灰绿色；树皮灰褐色或淡褐灰色，裂成不规则薄片脱落；小枝直或微成弧状，分枝不密；鳞叶绿色或黄绿色，稀微被蜡粉，交叉对生；刺叶常生于幼树上，或在树龄不大的树上与鳞叶并存；雌雄异株或同株，雄球花近球形，雄蕊3对，花药2～3，药隔近圆形；球果卵圆形或近圆球形，成熟前绿色或有黑色小斑点，熟时红褐色、褐色至黑色或紫黑色，内有1粒种子；种子卵圆形。

【生境】山坡、河谷、阶地、林中，海拔3 200～5 300m。

【分布】色尼区、比如县、巴青县、索县、嘉黎县。

【拍摄地点】卓玛峡谷。

【学名】单子麻黄 *Ephedra monosperma* **Cmel. ex. Mey.**

【科】麻黄科 **Ephedraceae**

【属】麻黄属 ***Ephedra* Tourn. ex L.**

【形态特征】草本状矮小灌木；高5～15cm；木质茎常横卧或倾斜形如根状茎，弯曲并有节结状突起，皮多呈褐红色；绿色小枝开展或稍开展，常微弯曲，节间细短；叶2片对生，膜质鞘状；雄球花单生于小枝中部的节上，形较小；雌球花成熟时肉质红色，近圆球形，种子外露，1粒，三角状卵圆形或矩圆状卵圆形；花期7月；种子8月成熟。

【生境】山坡、河谷河滩及岩石缝，海拔3 800～4 700m。

【分布】安多县、色尼区、班戈县。

【拍摄地点】色尼区。

【学名】山岭麻黄　*Ephedra gerardiana* **Wall. ex Stapf**

【科】麻黄科　**Ephedraceae**

【属】麻黄属　***Ephedra*** **Tourn. ex L.**

【形态特征】矮小灌木，高5～15cm；木质茎极短，不显著；小枝直立向上或稍外展，深绿色，纵槽纹明显较粗；叶2裂，下部1/2以上合生，上部裂片三角形，先端锐尖，通常向外折曲；雌雄同株，苞片3～4对，基部约1/4合生；种子1～2粒，包于苞片内，矩圆形，上部微渐窄，黑紫色，微被白粉，背面微具细纵纹。

【生境】山坡、河谷河滩及岩石缝，海拔3 900～4 500m。

【分布】色尼区、巴青县、比如县、嘉黎县。

【拍摄地点】嘉黎县。

被子植物门

【学名】硬叶柳 *Salix sclerophylla* **Anderss.**

【科】杨柳科 **Salicaceae**

【属】柳属 ***Salix* L.**

【形态特征】直立灌木；小枝多节，呈串珠状，暗紫红色，或有白粉，无毛；叶革质，椭圆形、倒卵形或宽椭圆形；花序椭圆形，无梗或有短梗；苞片椭圆形或倒卵形，褐或褐紫色，有柔毛，常有短缘毛；蒴果卵状圆锥形，有柔毛，无柄或有短柄。

【生境】山谷、草地、山坡，海拔3 600～4 800m。

【分布】比如县、巴青县、索县、嘉黎县、色尼区、尼玛县、聂荣县。

【拍摄地点】色尼区。

【学名】白桦　*Betula platyphylla* Suk.

【科】桦木科　**Betulaceae**

【属】桦木属　***Betula*** **L.**

【形态特征】落叶乔木；高达15m；树皮灰白色或黄白色，小枝红褐色，有腺点；叶三角状卵形、卵状菱形，边缘有重锯齿；果苞中裂片三角状卵形，侧裂片倒卵形或矩圆形；坚果小，果翅宽于小坚果或等宽。

【生境】山坡、沟谷林地，海拔3 200～4 000m。

【分布】色尼区、比如县、嘉黎县。

【拍摄地点】比如县。

【学名】高原荨麻 *Urtica hyperborea* **Jacq. ex Wedd.**

【科】荨麻科 **Urticaceae**

【属】荨麻属 ***Urtica* L.**

【形态特征】多年生草本；丛生；茎密生刺毛和稀疏微柔毛；叶卵形或心形，先端短渐尖或尖，基部心形，两面疏生刺毛和柔毛，钟乳体在叶上面明显，叶柄长短，托叶离生；花雌雄同株（雄花序生下部叶腋）；花序短穗状。

【生境】山地阳坡、石滩、流石滩，海拔3 600 ~ 5 200m。

【分布】比如县、巴青县、索县、嘉黎县、色尼区、安多县、聂荣县、班戈县、申扎县。

【拍摄地点】聂荣县。

【学名】宽叶荨麻　*Urtica hyperborea* **Jacq. ex Wedd.**

【科】荨麻科　**Urticaceae**

【属】荨麻属　***Urtica* L.**

【形态特征】多年生草本；茎纤细，有稀疏刺毛和糙毛；叶近膜质，卵形或披针形，先端短渐尖，基部圆或宽楔形，具牙齿，两面疏生刺毛和糙毛，基出脉3，托叶离生或有时上部稍合生；雌雄同株，雄花序近穗状，较长，生上部叶腋，雌花序近穗状，较短，生下部叶腋。

【生境】山地阳坡、石滩、流石滩，海拔3 600 ~ 5 200m。

【分布】比如县、巴青县、索县、嘉黎县、色尼区、安多县、聂荣县、班戈县、申扎县。

【拍摄地点】比如县。

【学名】歧穗大黄　*Rheum przewalskii* **A. Losinsk.**

【科】蓼科　**Polygonaceae**

【属】大黄属　***Rheum* L.**

【形态特征】多年生无茎草本；叶基生，具粗柄，革质，宽卵形或菱状宽卵形，先端圆钝，基部近心形，全缘，有时微波状，基脉5～7，两面无毛或下面具小乳突；花葶2～3歧状分枝，穗状密总状花序；花被片黄白色或绿白色；花柱3，柱头盘状；果宽卵形或梯状卵形，紫红色。

【生境】高山砾石坡、石缝、河滩，海拔4 500～5 300m。

【分布】安多县、申扎县、尼玛县、双湖县。

【拍摄地点】安多县。

【学名】唐古特大黄　*R. tanguticum* Maxim. ex Balf.

【科】蓼科　**Polygonaceae**

【属】大黄属　***Rheum* L.**

【形态特征】多年生高大草本；根茎粗壮；茎直立，中空，高50 ~ 300cm；基生叶掌状、宽心或近圆形，3 ~ 7深裂，叶柄肉质；花序大圆锥状顶生，花紫红色；瘦果三棱形；花期6—7月，果期7—8月。

【生境】林缘、山坡灌丛、河谷，海拔3 400 ~ 4 600m。

【分布】比如县、巴青县、索县、嘉黎县、色尼区。

【拍摄地点】巴青县。

【学名】网脉大黄 ***Rheum reticulatum* A. Los.**

【科】蓼科 **Polygonaceae**

【属】大黄属 ***Rheum* L.**

【形态特征】多年生矮壮草本；叶基生，革质，卵形到三角状卵形，幼叶极皱缩，边缘略呈弱波状，基出脉5条，脉凸起，脉网极显著，红紫色；穗状总状花序，花密集，花黄白色，花梗短；果实宽卵形。

【生境】高山砾石坡、石缝、河滩，海拔4 500 ~ 5 300m。

【分布】安多县、申扎县、尼玛县、双湖县。

【拍摄地点】安多县。

【学名】小大黄　***Rheum pumilum* Maxim.**

【科】蓼科　**Polygonaceae**

【属】大黄属　***Rheum* L.**

【形态特征】多年生草本；高5～25cm；茎细，直立，单一，疏被灰白色毛；叶多基生，卵状椭圆形或长椭圆形，先端圆，基部浅心形，全缘，叶脉及叶缘疏被白色短毛；窄圆锥状花序，分枝稀疏，被短毛；花淡绿色或带紫红色，边缘紫红色；果三角形或三角状卵形。

【生境】高山砾石坡、流石滩、高山草甸及灌丛，海拔3 800～4 900m。

【分布】安多县、比如县、巴青县、嘉黎县。

【拍摄地点】安多县。

【学名】巴天酸模 ***Rumex patientia* L.**

【科】蓼科 **Polygonaceae**

【属】酸模属 ***Rumex* L.**

【形态特征】多年生草本；高50～120cm；茎直立，粗壮；基生叶和茎下部叶长椭圆形或长圆状披针形，边缘皱波状；圆锥花序大型；花两性；结果时内轮花被片宽达5mm以上，边缘全缘或有不明显的微缺刻，中脉基部常具瘤状体；瘦果卵状三棱形。

【生境】灌丛、林下，海拔3 400～4 100m。

【分布】索县、比如县。

【拍摄地点】索县。

【学名】尼泊尔酸模 *Rumex nepalensis* Spreng.

【科】蓼科 **Polygonaceae**

【属】酸模属 ***Rumex* L.**

【形态特征】多年生草本；叶长圆状卵形或卵状披针形，基部心形，全缘，无毛，基生叶具柄；花序圆锥状，花两性；花梗中下部具关节；花被6，紫红色，内花被片果时增大，宽卵形，基部平截，每侧具7～8刺状齿，顶端钩状，一部或全部具小瘤；瘦果卵形，具3锐棱。

【生境】田边、山坡、荒地，海拔3 500～4 200m。

【分布】巴青县、比如县、索县、嘉黎县。

【拍摄地点】比如县。

【学名】水生酸模　*Rumex aquaticus* L.

【科】蓼科　**Polygonaceae**

【属】酸模属　***Rumex* L.**

【形态特征】多年生草本；茎直立，单一，常上部分枝，具沟槽；基生叶和茎下部叶长圆状卵形或卵形，边缘波状；花序圆锥状，狭窄；花两性；花梗纤细，丝状，中下部具关节；内花被片果时增大，卵形，顶端尖，基部近截形，边缘近全缘，全部无小瘤；瘦果椭圆形，两端尖，具3锐棱。

【生境】沼泽草甸、灌丛，海拔3 400 ~ 3 900m。

【分布】比如县、巴青县、嘉黎县。

【拍摄地点】嘉黎县。

【学名】叉枝蓼　*Polygonum tortuosum* **D. Don**

【科】蓼科　**Polygonaceae**

【属】蓼属　***Polygonum* L.**

【形态特征】半灌木；茎直立，高30~50cm，红褐色，被短柔毛，具叉状分枝；叶卵形，全缘，具缘毛，略反卷；花序圆锥状，顶生，花排列紧密；花被5深裂，钟形，黄白色，花被片倒卵形；瘦果卵形；花期7—8月，果期9—10月。

【生境】河滩砾石地、山谷湿地、山坡草地，海拔3 800~4 900m。

【分布】巴青县、比如县、索县、嘉黎县、色尼区。

【拍摄地点】嘉黎县。

【学名】卷茎蓼 *Polygonum convolvulus* L.

【科】蓼科 **Polygonaceae**

【属】蓼属 ***Polygonum* L.**

【形态特征】一年生草本；茎缠绕，具纵棱，自基部分枝；叶三角状长卵心形，顶端渐尖，基部心形，两面无毛，边缘全缘；花簇生于茎或枝上部，呈穗状的总状花序，腋生或顶生，花稀疏，下部间断，有时成花簇，生于叶腋；花被5深裂，淡绿色，边缘白色，外面3片背部具龙骨状突起或狭翅；瘦果卵状三棱形，具3棱，黑色。

【生境】林缘、灌丛、田边，海拔3 600 ~ 4 800m。

【分布】巴青县、比如县、索县。

【拍摄地点】比如县。

【学名】西伯利亚蓼　*Polygonum sibiricum* **Laxm.**

【科】蓼科　**Polygonaceae**

【属】蓼属　***Polygonum* L.**

【形态特征】多年生草本；高5～10cm；茎斜上或近直立，自基部分枝；叶互生，有短柄，叶片稍肥厚，近肉质，披针形或长椭圆形，无毛，先端急尖或钝，基部戟形或楔形；花序圆锥状，顶生；花被5深裂，黄绿色，有短梗；瘦果卵状，具3棱。

【生境】盐碱草甸、河边沙地、砂砾地，海拔4 500～5 300m。

【分布】安多县、申扎县、尼玛县、班戈县、色尼区。

【拍摄地点】色尼区。

【学名】细叶西伯利亚蓼 *Polygonum sibiricum* **Laxm. var.** ***thomsonii*** **Meisn. ex Stew.**

【科】蓼科 **Polygonaceae**

【属】蓼属 ***Polygonum*** **L.**

【形态特征】多年生矮小草本；高2～5cm；茎斜上或近直立，自基部分枝；叶极狭窄，条形，近肉质，基部戟形，宽1.5～2.5cm，两面具腺点；圆锥花序顶生；花被5深裂，黄绿色；瘦果卵状，具3棱。

【生境】盐碱草甸、河边沙地、河边盐碱地、砂砾地，海拔4 500～5 300m。

【分布】安多县、申扎县、尼玛县、班戈县、色尼区。

【拍摄地点】色尼区。

【学名】圆穗蓼　*Polygonum macrophyllum* D. Don

【科】蓼科　**Polygonaceae**

【属】蓼属　***Polygonum* L.**

【形态特征】多年生草本；高5～30cm；根茎弯曲；基生叶圆形或宽披针形，全缘，顶端急尖，向下反卷，茎生叶较小；花序紧密，呈球状，花被5深裂，淡红或白色；花药黑紫色；瘦果卵形，黄褐色，有光泽。

【生境】山坡草地、山顶草地，海拔3 800～5 000m。

【分布】色尼区、安多县、比如县、申扎县、班戈县、巴青县、索县、嘉黎县。

【拍摄地点】嘉黎县。

【学名】珠芽蓼　*Polygonum viviparum* **L.**

【科】蓼科　**Polygonaceae**

【属】蓼属　***Polygonum* L.**

【形态特征】多年生草本；高10～40cm；根状茎粗壮；茎直立，不分枝；叶长卵形或卵状披针形，全缘，向下反卷，顶端渐尖，茎生叶较小；总状花序成穗状，下部有珠芽；苞片卵形，膜质；花被5深裂，白或淡红色；瘦果卵形，具3棱，深褐色，有光泽。

【生境】山坡草地、灌丛、林缘、湿地，海拔3 800～5 000m。

【分布】色尼区、安多县、聂荣县、班戈县、巴青县、嘉黎县、索县、比如县。

【拍摄地点】嘉黎县。

【学名】驼绒藜　*Ceratoides latens*（**J. F. Gmel.**）**Reveal et Holmgren**

【科】藜科　**Chenopodiaceae**

【属】驼绒藜属　***Ceratoides***（**Tourn.**）**Gagnebin**

【形态特征】小灌木；全株被星状毛；叶小，线形至披针形或长圆形，先端急尖或钝，基部渐狭、楔形或圆形；雄花序生于枝顶，穗状；雌花腋生，雌花管椭圆形，顶端裂片角状，先端锐尖；果期管外具4束长柔毛。

【生境】荒漠平原及河滩，海拔3 700～5 100m。

【分布】双湖县、尼玛县、班戈县。

【拍摄地点】双湖县。

【学名】猪毛菜 *Salsola collina* **Pall.**

【科】藜科 **Chenopodiaceae**

【属】猪毛菜属 ***Salsola* L.**

【形态特征】一年生草本；高3～15cm；茎自基部分枝，枝互生，伸展，茎、枝绿色，有白色或紫红色条纹；叶片丝状圆柱形，伸展或微弯曲，生短硬毛，顶端有刺状尖，基部边缘膜质，稍扩展而下延；花序穗状，生枝条上部；花被片卵状披针形，膜质。

【生境】砂砾石草地、河漫滩，海拔4 000～5 100m。

【分布】色尼区、安多县、班戈县、双湖县。

【拍摄地点】班戈县。

【学名】平卧轴藜　*Axyris prostrata* L.

【科】藜科　**Chenopodiaceae**

【属】轴藜属　***Axyri* L.**

【形态特征】一年生草本；植株高2～8cm；茎枝平卧或上升，密被星状毛，后期毛大部脱落；叶柄几与叶片等长，叶片宽椭圆形、卵圆形或近圆形；雄花花序头状；雌花花被片3，膜质，被毛；子房卵状，扁平，花柱短，细长；果实圆形或倒卵圆形，侧扁，两侧面具同心圆状皱纹，顶端附属物2，乳头状或有时不显。

【生境】河边、河谷、田边、盐碱滩地，海拔3 800～4 600m。

【分布】色尼区、比如县、巴青县、索县、嘉黎县、尼玛县。

【拍摄地点】色尼区。

【学名】灰绿藜 *Chenopodium glaucum* L.

【科】藜科 **Chenopodiaceae**

【属】藜属 ***Chenopodium* L.**

【形态特征】一年生草本；高5～15cm；茎平卧或外倾；叶片矩圆状卵形至披针形，肥厚，边缘具缺刻状齿，被白色，有稍带紫红色；中脉明显，黄绿色；团伞花簇生在叶腋或短枝形成有间断的穗状或穗状圆锥花序；花被裂片3～4，浅绿色，边缘膜质；胞果扁球形，果皮膜质。

【生境】田边、盐碱滩地，海拔3 100～4 600m。

【分布】色尼区、比如县、巴青县、索县、嘉黎县、尼玛县。

【拍摄地点】嘉黎县。

【学名】簇生卷耳　*Cerastium caespitosum* Gilib.

【科】石竹科　**Caryophyllaceae**

【属】卷耳属　***Cerastium* L.**

【形态特征】多年生草本；高10～20cm，全株被毛；茎单生或丛生，被白色短柔毛和腺毛；叶对生，卵状长圆形或长圆状披针形，两面被短柔毛；聚伞花序顶生，多花密集；萼片5，长圆状披针形，密被长腺毛，褐色；花瓣5，白色，倒卵状长圆形，等长或微短于萼片，顶端2浅裂，基部渐狭，无毛；蒴果圆柱形。

【生境】山坡草地、林下、林缘、灌丛、河滩、岩石缝隙，海拔3 200～4 500m。

【分布】色尼区、比如县、巴青县、索县、嘉黎县、安多县。

【拍摄地点】嘉黎县。

【学名】山居雪灵芝　*Arenaria edgeworthiana* **Majumdar**

【科】石竹科　**Caryophyllaceae**

【属】无心菜属　***Arenaria* L.**

【形态特征】多年生垫状草本；根粗壮，木质化；茎无毛，分枝密丛生，枝上密生叶；叶片钻状线形，膜质，顶端具硬刺状尖，具小的缘毛；花单生小枝顶端，无梗；萼片披针形或卵状披针形，边缘宽膜质；花瓣5，白色，宽倒卵形；蒴果卵圆形，短于宿存萼。

【生境】高山草甸、山坡草地、流石滩、砾石带，海拔3 200 ~ 5 100m。

【分布】那曲各地。

【拍摄地点】聂荣县。

【学名】甘肃雪灵芝　*Arenaria kansuensis* Maxim.

【科】石竹科　**Caryophyllaceae**

【属】无心菜属　***Arenaria* L.**

【形态特征】多年生垫状草本；高4～5cm，主根粗壮，木质化，茎下部密集枯叶；叶针状线形，基部稍宽，抱茎，边缘狭膜质，下部具细锯齿，稍内卷，顶端急尖，呈短芒状，表面微凹入，呈三棱形，质稍硬，紧密排列于茎上；花单生枝端；萼片5，披针形，具1脉；花瓣5，白色，倒卵形，顶端钝圆；花柱3，线形。

【生境】高山草甸、山坡草地、流石滩、砾石带，海拔3 200～5 100m。

【分布】那曲各地。

【拍摄地点】班戈县。

【学名】青藏雪灵芝 *Arenaria roborowskii* **Maxim.**

【科】石竹科 **Caryophyllaceae**

【属】无心菜属 ***Arenaria* L.**

【形态特征】多年生垫状草本；高5～8cm；根粗壮木质化；茎紧密丛生，基部木质化，下部密集枯叶；叶片针状线形，基部较宽，膜质，抱茎，边缘狭膜质，疏生缘毛，稍内卷，微呈三棱状，顶端急尖；花单生枝端；萼片5，披针形；花瓣5，白色，椭圆形；花盘碟状，具大而明显的5个长圆形腺体；花柱3，线形。

【生境】高山草甸、山坡草地、流石滩、砾石带，海拔3 200～5 100m。

【分布】那曲各地。

【拍摄地点】班戈县。

【学名】女娄菜　*Melandrium apricum*（Turcz.）Rohrb.

【科】石竹科　**Caryophyllaceae**

【属】女娄菜属　***Melandrium*** **Roehl.**

【形态特征】二年或多年生草本；茎单生或数个，密被短柔毛；叶倒披针形或线状披针形；圆锥花序伞形；苞片披针形，渐尖，草质，具缘毛；花萼卵状钟形，密被柔毛；萼齿三角状披针形；雌雄蕊柄极短或近无，被柔毛；花瓣白，上部淡紫红色；蒴果卵圆形，与宿萼近等长；种子圆肾形，具小瘤。

【生境】山坡草地、河边、滩地、灌丛，海拔3 200～4 500m。

【分布】尼玛县、比如县、巴青县、索县、嘉黎县、色尼区。

【拍摄地点】嘉黎县。

【学名】无瓣女娄菜 ***Melandrium apetalum*** **（L.）Fenzl**

【科】石竹科 **Caryophyllaceae**

【属】女娄菜属 ***Melandrium*** **Roehl.**

【形态特征】二年或多年生草本；茎单生或数个，密被短柔毛；基生叶卵状披针形，茎生叶1～2对，披针形或线状披针形，抱茎；花1～3朵生茎顶，常弯曲，花瓣5，紫色，短于萼或近等长，顶端微凹或2浅裂；萼钟状，膨大，萼齿卵圆形，边缘膜质，脉10条，棕色或黑色，被柔毛；蒴果椭圆状卵形。

【生境】山坡草地、高山草甸、砾石带、河边、滩地、灌丛，海拔3 200～4 800m。

【分布】尼玛县、安多县、双湖县、班戈县、申扎县、索县。

【拍摄地点】安多县。

【学名】普兰女娄菜　*Melandriuna puranense* L. H.

【科】石竹科　**Caryophyllaceae**

【属】女娄菜属　***Melandrium* Roehl.**

【形态特征】多年生草本；高15～30cm；根圆锥状，具多头根颈；茎疏丛生，直立，被腺毛；基生叶多数，叶片倒披针形，边缘具腺缘毛，两面密被短腺毛，中脉明显；茎生叶通常2～3对，叶片比基生叶小，披针形，微抱茎，密被腺毛；花1～3朵，花梗不等长，密被腺柔毛；花瓣淡黄绿色，爪狭倒披针形，浅2裂，裂片圆钝；蒴果近椭圆形；花期7月，果期8月。

【生境】山地碎石滩，海拔5 000m。

【分布】安多县、申扎县、班戈县、双湖县。

【拍摄地点】安多县。

【学名】腺女娄菜 *Melandrium glandulosum*（Maxim.）**F. N. Williams**

【科】石竹科 **Caryophyllaceae**

【属】女娄菜属 ***Melandrium*** **Roehl.**

【形态特征】多年生草本；高10～50cm；全株密被腺毛和黏液；主根垂直，粗壮，稍木质，多侧根；茎疏丛生，稀单生，粗壮，直立，常带紫色；基生叶叶片倒披针形或椭圆状披针形；上部茎生叶，叶片倒披针形至披针形；总状花序，常3～5花，稀更多；花萼钟形，口张开，基部圆形，密被腺毛，果期微膨大，纵脉黑紫色或褐色，花瓣露出花萼，瓣片紫色或淡红色；种子肾形。

【生境】多砾石的草坡，海拔3 900～5 000m。

【分布】安多县、申扎县、双湖县。

【拍摄地点】安多县。

【学名】细蝇子草　*Silene tenuis* **Willd.**

【科】石竹科　**Caryophyllaceae**

【属】蝇子草属　***Silene* L.**

【形态特征】多年生草本；茎直立，疏丛生；叶线状倒披针形或线状披针形，叶在基部簇生，抱茎，具缘毛；总状聚伞花序总状，多花，稀近轮生；苞片卵状披针形，基部连合，具缘毛；花萼钟形，纵脉紫色，萼齿三角状卵形，具短缘毛；花瓣白或淡黄色，下面带紫色；蒴果长圆状卵圆形；种子圆肾形。

【生境】高山草甸、山坡草地、林下、河滩、河边、岩石缝隙，海拔3 200～4 600m。

【分布】色尼区、比如县、巴青县、索县、嘉黎县、尼玛县。

【拍摄地点】尼玛县。

【学名】藏蝇子草　*Silene waltoni* **Williams**

【科】石竹科　**Caryophyllaceae**

【属】蝇子草属　***Silene* L.**

【形态特征】多年生草本；根粗壮；茎直立，疏丛生，茎高30～60cm，被柔毛；叶线形或钻状披针形，被短柔毛；疏总状花序，常具数花；萼筒状或棒状，密被柔毛，纵脉暗紫色；上不膨大，基部缢缩，具10条上部连接脉，花瓣2裂；萼齿长圆状卵形，边缘膜质，白色，具缘毛；花瓣白色，顶端带红色；蒴果卵形。

【生境】高山草甸、山坡草地、林下、河滩、河边、岩石缝隙，海拔3 200～4 600m。

【分布】色尼区、比如县、巴青县、索县、嘉黎县。

【拍摄地点】嘉黎县。

【学名】花葶驴蹄草　*Caltha scaposa* **Hook. f. et Thoms.**

【科】毛茛科　**Ranunculaceae**

【属】驴蹄草属　***Caltha* L.**

【形态特征】多年生草本；高5～15cm，茎1至数个；基生叶多数，具长柄，叶片心状卵形或三角形卵形，顶端圆形，基部深心形；花单生茎顶；萼片椭圆形，黄色；花瓣5，倒卵圆形；聚合果长圆形；瘦果小而多，卵球形，较扁，喙直伸或稍弯。

【生境】沟边、湿地、沼泽草甸、灌丛草甸，海拔3 500～4 600m。

【分布】安多县、巴青县、索县。

【拍摄地点】安多县。

【学名】小金莲花 *Trollius pumilus* **D. Don**

【科】毛茛科 **Ranunculaceae**

【属】金莲花属 ***Trollius* L.**

【形态特征】多年生草本；全株无毛；茎单一，光滑，不分枝；叶3～6枚生茎基部或近基部处；叶片五角形或五角状卵形，基部深心形；花单一顶生，萼片5，黄色，倒卵形或卵形，花瓣匙状线形；种子椭圆球形，稍扁。

【生境】沼泽草甸、林间草地、山坡湿地，海拔3 200～4 800m。

【分布】比如县、安多县、申扎县、索县、聂荣县。

【拍摄地点】申扎县。

【学名】露蕊乌头　*Aconitum gymnandrum* Maxim.

【科】毛茛科　**Ranunculaceae**

【属】乌头属　***Aconitum* L.**

【形态特征】一年生草本；高25～55cm，常分枝，被疏或密的短柔毛；根圆柱状；叶片宽卵形或三角状卵形，三全裂，全裂片二至三回深裂，小裂片狭卵形至狭披针形，表面疏被短伏毛，背面沿脉疏被长柔毛或变无毛；总状花序有6～16花；萼片蓝紫色，少有白色，外面疏被柔毛，有较长爪；花瓣疏被缘毛，距短，头状，疏被短毛。

【生境】灌丛、撂荒地、林缘，海拔3 400～4 800m。

【分布】安多县、色尼区、比如县、申扎县。

【拍摄地点】安多县。

【学名】伏毛铁棒锤 *Aconitum flavum* **Hand.-Mazz.**

【科】毛茛科 **Ranunculaceae**

【属】乌头属 ***Aconitum* L.**

【形态特征】多年生草本；块根单生或2～3枚簇生；茎直立，不分枝，上部被反曲而紧贴的短柔毛；叶宽卵形，基部浅心形，3全裂，全裂片细裂，末回裂片线形；顶生总状花序窄长，具多花，轴及花梗密被紧贴短柔毛；萼片黄色带绿色，或暗紫色，被短柔毛，上萼片盔状船形，具短爪，下缘斜升，上部向下弧状弯曲，下萼片斜长圆状卵形；花瓣疏被短毛。

【生境】灌丛、撂荒地、林缘，海拔3 400～4 800m。

【分布】索县、比如县、安多县、聂荣县、巴青县。

【拍摄地点】巴青县。

【学名】白蓝翠雀花　*Delphinium albocoeruleum* Maxim.

【科】毛茛科　**Ranunculaceae**

【属】翠雀属　***Delphinium* L.**

【形态特征】多年生草本；被反曲柔毛；莲生叶五角形，3裂，裂片一至二回深裂，小裂片窄卵形、披针形或线形；伞房花序具3 ~ 7花；萼片蓝紫或蓝白色，被柔毛，距圆筒状钻形或钻形；花瓣无毛；退化雄蕊黑褐色，2浅裂或裂至中部，腹面中央被黄色髯毛；心皮3。

【生境】河谷、丘陵沙地、流石滩，海拔3 200 ~ 4 600m。

【分布】色尼区、比如县、巴青县、嘉黎县、安多县。

【拍摄地点】嘉黎县。

【学名】单花翠雀花 *Delphinium candelabrum* **Ostf. var. monanthum**

【科】毛茛科 **Ranunculaceae**

【属】翠雀属 ***Delphinium* L.**

【形态特征】多年生草本；高10～15cm；茎直立，少分枝，下部无毛，上部被短柔毛；叶裂片分裂程度较小，小裂片较宽，卵形，彼此多邻接；花瓣顶端全缘；萼片长1.8～3cm，距长2～3cm；退化雄蕊常紫色，有时下部黑褐色。

【生境】山地多石砾山坡，海拔4 100～5 000m。

【分布】安多县、双湖县、申扎县。

【拍摄地点】唐古拉山。

【学名】蓝翠雀花　*Delphinium caeruleum* **Jacq. ex Camb.**

【科】毛茛科　**Ranunculaceae**

【属】翠雀属　***Delphinium* L.**

【形态特征】多年生草本；茎自下部分枝，被反曲短柔毛；叶片近圆形，三全裂，裂片细裂，表面密被短伏毛；伞房花序常呈伞状，有1～10花，稀单生枝顶；小苞片披针形；萼片紫蓝色，被短柔毛，距钻形；花瓣蓝色，无毛；退化雄蕊蓝色，腹面被黄色髯毛。

【生境】高山灌丛、山坡草地，海拔3 200～4 800m。

【分布】比如县、安多县、申扎县。

【拍摄地点】申扎县。

【学名】唐古拉翠雀花　*Delphinium tangkulaense* **W. T. Wang**

【科】毛茛科　**Ranunculaceae**

【属】翠雀属　***Delphinium* L.**

【形态特征】多年生草本；茎高4～10cm，被开展的短柔毛，下部生数叶，不分枝或有1分枝；基生叶2～4，有长柄；叶片圆肾形，三全裂达或近基部，中央全裂片近扇形，三裂近中部，二回裂片又分裂，小裂片卵形或宽卵形，顶端圆形或钝，有短尖，侧全裂片斜扇形，不等二深裂，两面均被短柔毛；花1朵生茎或分枝顶端；萼片宿存，蓝紫色；花瓣顶端二浅裂，有少数短毛。

【生境】山坡裸岩缝隙、丘陵沙地、流石滩，海拔4 200～4 800m。

【分布】安多县、双湖县、申扎县。

【拍摄地点】安多县。

【学名】奇林翠雀花　*Delphinium candelabrum* Ostenf.

【科】毛茛科　**Ranunculaceae**

【属】翠雀属　***Delphinium* L.**

【形态特征】多年生草本；茎下部无毛，上部有短柔毛；叶在茎露出地面处丛生，有长柄；叶片肾状五角形，三全裂，中全裂片宽菱形，侧全裂片近扇形，一至二回细裂，小裂片线状披针形，疏被短柔毛；花大；萼片蓝紫色，卵形；花瓣暗褐色，疏被短毛或无毛，顶端微凹；退化雄蕊黑褐色，无毛；8月开花。

【生境】山谷草地、沙地丘陵、多砂石山坡，海拔5 100～5 300m。

【分布】安多县、双湖县、申扎县。

【拍摄地点】安多县。

【学名】密花翠雀花　*Delphinium densiflorum* **Duthie ex Huth**

【科】毛茛科　**Ranunculaceae**

【属】翠雀属　***Delphinium* L.**

【形态特征】多年生草本；茎直立，疏被柔毛；叶基生与茎生，茎下部叶具长柄，近花序叶具短柄；叶肾形，掌状三深裂，边缘具圆齿，背面沿脉疏被短柔毛；总状花序，有30～40朵密集的花；密被反曲淡黄色腺毛；萼片宿存，淡灰蓝色，外面被长柔毛，内面无毛，上萼片船状卵形，距圆锥状，顶端钝；花瓣顶端二浅裂，有缘毛；退化雄蕊瓣片与爪近等长，二深裂，裂片腹面中央有一丛长柔毛。

【生境】高山灌丛、撂荒地、山坡草地，海拔3 700～4 800m。

【分布】聂荣县、比如县、安多县、申扎县。

【拍摄地点】聂荣县。

【学名】芸香叶唐松草　*Thalictrum rutifolium* **Hook. f. & Thomson**

【科】毛茛科　**Ranunculaceae**

【属】唐松草属　***Thalictrum* L.**

【形态特征】多年生草本；植株无毛，茎直立；基生叶及茎下部叶具长柄，三至四回三出复叶；复单歧聚伞花序窄长，总状；萼片4，淡紫色，早落，卵形；雄蕊多数；花丝丝状；心皮3～5，具短柄，花柱短，腹面具柱头；瘦果下垂，稍扁，镰状半月形。

【生境】高山草甸、山坡草地、林缘，海拔3 200～4 600m。

【分布】嘉黎县、色尼区、索县。

【拍摄地点】嘉黎县。

【学名】堇花唐松草　*Thalictrum diffusiflorum* **Marq. et Airy Shaw**

【科】毛茛科　**Ranunculaceae**

【属】唐松草属　***Thalictrum* L.**

【形态特征】多年生草本；茎上部有短腺毛，自中部或上部分枝；3～5回羽状复叶，小叶草质，顶生小叶圆菱形或宽卵形，3～5浅裂，脉平或在背面稍隆起，背面有稀疏短腺毛；圆锥花序稀疏，萼片4～5枚，淡紫色，卵形或狭卵形，顶端钝或微尖，雄蕊多数，花药黄色，线形顶端有短尖，花丝丝形；瘦果扁，半倒卵形。

【生境】高山草甸、山坡草地，海拔3 400～3 900m。

【分布】嘉黎县。

【拍摄地点】嘉黎县。

【学名】直梗高山唐松草　*Thalictrum alpinum* **L. var.** ***elatum*** **Uibr.**

【科】毛茛科　**Ranunculaceae**

【属】唐松草属　***Thalictrum*** **L.**

【形态特征】多年生草本；叶基生，二回羽状三出复叶，小叶倒卵形、菱状宽倒卵形，三浅裂，裂片全缘；花葶不分枝；总状花序顶生，花梗直伸；萼片4，椭圆形，基部宽，顶端钝，边缘膜质，早落；雄蕊7～10，花丝丝状；瘦果基部呈柄状或无柄。

【生境】高山草甸、山坡草地，海拔3 700～4 900m。

【分布】聂荣县、色尼区、安多县、嘉黎县。

【拍摄地点】色尼区。

【学名】展枝唐松草 *Thalictrum squarrosum* **Steph. ex Willd.**

【科】毛茛科 **Ranunculaceae**

【属】唐松草属 ***Thalictrum* L.**

【形态特征】多年生草本；植株全部无毛，常自中部近二歧状分枝；叶为二至三回羽状复叶，小叶坚纸质或薄革质，顶生小叶楔状倒卵形、宽倒卵形、长圆形或圆卵形；花序圆锥状，近二歧状分枝；萼片4，淡黄绿色，狭卵形；花丝丝形；心皮无柄；瘦果狭倒卵球形或近纺锤形。

【生境】林缘，海拔3 200～4 600m。

【分布】嘉黎县。

【拍摄地点】嘉黎县。

【学名】高山唐松草　*Thalictrum alpinum* L.

【科】毛茛科　**Ranunculaceae**

【属】唐松草属　***Thalictrum* L.**

【形态特征】多年生小草本；全株无毛；叶基生，二回羽状复叶，小叶薄革质，圆菱形、菱状宽倒卵形或倒卵形，3浅裂，裂片全缘，脉不明显；花葶1～2条，不分枝，花梗下弯；总状花序；瘦果稍扁，长椭圆形。

【生境】高山草甸、山坡草地，海拔3 700～4 900m。

【分布】聂荣县、色尼区、安多县、嘉黎县。

【拍摄地点】色尼区。

【学名】迭裂银莲花 *Anemone imbricata* **Maxim.**

【科】毛茛科 **Ranunculaceae**

【属】银莲花属 ***Anemone* L.**

【形态特征】多年生草本；基生叶具长柄，基部具密集的纤维状残叶基，叶片椭圆状狭卵形，基部心形，三全裂，各回裂片互相覆压，背面和边缘密被长柔毛；叶柄密被柔毛；苞片3，三深裂；萼片6～9，白色、紫色或黑紫色，倒卵状长圆形或倒卵形；瘦果扁平，椭圆形。

【生境】河谷、河滩、山坡草地，海拔3 300～5 100m。

【分布】聂荣县、比如县、巴青县、索县、安多县、嘉黎县。

【拍摄地点】安多县。

【学名】草玉梅　*Anemone rivularis* **Buch. -Ham. ex DC.**

【科】毛茛科　**Ranunculaceae**

【属】银莲花属　***Anemone* L.**

【形态特征】多年生草本；叶心状五角形，3全裂，3深裂，具小齿，两面被糙伏毛；花葶1 ~ 3，直立；聚伞花序二至三回分枝；苞片具短柄，宽菱形，3裂近基部；萼片白色，倒卵形，外被顶端具密毛；花瓣缺；花柱钩状掌卷。

【生境】林下、河谷、河滩、山坡草地，海拔3 700 ~ 4 800m。

【分布】聂荣县、比如县、巴青县、索县、嘉黎县。

【拍摄地点】嘉黎县。

【学名】高原毛茛 *Ranunculus tanguticus*（Maxim.）Ovcz.

【科】毛茛科 **Ranunculaceae**

【属】毛茛属 ***Ranunculus*** **L.**

【形态特征】多年生草本；茎多分枝，被柔毛；基生叶五角形或宽卵形，基部心形，3全裂，两面或下面被柔毛；顶生花序2～3花；花托被柔毛；萼片5，窄椭圆形；花瓣5，倒卵形；瘦果倒卵状球形，无毛。

【生境】河边、河漫滩、沼泽草甸、灌丛草甸，海拔3 600～4 600m。

【分布】安多县、巴青县、索县、比如县。

【拍摄地点】比如县。

【学名】云生毛茛　*Ranunculus longicaulis* **C. A. Mey. var.** ***Nephelogenes*** **（Edgew.）L. Liou**

【科】毛茛科　**Ranunculaceae**

【属】毛茛属　***Ranunculus*** **L.**

【形态特征】多年生草本；基生叶单叶，全缘；茎生叶无柄，叶片线形；花单生茎顶或短分枝顶端，有金黄色细柔毛；萼片卵形，常带紫色，有3～5脉，外面生黄色柔毛或无毛，边缘膜质；花瓣5，黄色，倒卵形，密槽呈点状袋穴；聚合果卵球形；瘦果卵球形，有背腹纵肋，喙直伸。

【生境】河边、河漫滩、沼泽草甸、灌丛草甸，海拔3 600～4 600m。

【分布】安多县、巴青县、索县、比如县。

【拍摄地点】比如县。

【学名】甘青铁线莲 *Clematis tangutica*（**Maxim.**）**Korsh.**

【科】毛茛科 **Ranunculaceae**

【属】铁线莲属 ***Clematis* L.**

【形态特征】草质藤本或矮小灌木；枝被柔毛；小叶菱状卵形或窄卵形，一至二回羽状复叶，先端尖，具小牙齿，两面脉疏被柔毛；花单生枝顶；萼片4，黄色，有时带紫色，窄卵形或长圆形，顶端常骤尖，疏被柔毛，边缘被柔毛；瘦果菱状倒卵圆形，被长柔毛，宿存花柱长达4cm，密被灰白色长柔毛。

【生境】林下、灌丛、田间，海拔4 100～5 000m。

【分布】嘉黎县、比如县、巴青县、索县、尼玛县、色尼区。

【拍摄地点】嘉黎县。

【学名】美花草 *Callianthemum pimpinelloides*（D. Don）Hook. f. et Thoms.

【科】毛茛科 **Ranunculaceae**

【属】美花草属 ***Callianthemum* C. A. Mey.**

【形态特征】植株无毛；茎直立或渐升，无叶或具1～2叶；基生叶与茎近等长，具长柄，一回羽状复叶，叶卵形或窄卵形，掌状深裂，小裂片窄倒卵形；萼片椭圆形；花瓣白、粉红或淡紫色，下部橙黄色，倒卵状长圆形或宽线形；雄蕊长约花瓣之半；瘦果卵球形。

【生境】高山草甸、多石砾处，海拔3 700～5 400m。

【分布】安多县、双湖县、申扎县、班戈县。

【拍摄地点】安多县。

【学名】三裂碱毛茛　*Halerpestes tricuspis*（Maxim.）Hand.-Mazz.

【科】毛茛科　**Halerpestes Green**

【属】碱毛茛属　***Anemone* L.**

【形态特征】多年生小草本；匍匐茎细，横走，节处生根和簇生数叶；叶均基生，叶具长柄，无毛，叶革质，形状多变异，菱状楔形至宽卵形，3中裂至3深裂，有时侧裂片2～3裂或有齿；花单生，花瓣5，黄色或表面白色，狭椭圆形；聚合果近球形；花果期5—8月。

【生境】盐碱性沼泽、河滩草甸，海拔3 400～5 200m。

【分布】申扎县、班戈县、色尼区、聂荣县。

【拍摄地点】申扎县。

【学名】鲜黄小檗　*Berberis diaphana* Maxim.

【科】小檗科　**Berberidaceae**

【属】小檗属　***Berberis* L.**

【形态特征】落叶灌木；幼枝绿色，老枝具棱；茎刺三分叉；叶长圆形或倒卵状长圆形，边缘具刺齿或全缘，具短柄；花2 ~ 5朵簇生或单生，黄色，花瓣卵状椭圆形；萼片6，二轮，外萼片近卵形，内萼片椭圆形；浆果红色，卵状长圆形，先端略斜弯，有时略被白粉，具明显缩存花柱。

【生境】山坡、河谷地带、林缘，海拔3 900 ~ 4 600m。

【分布】比如县、色尼区、巴青县、嘉黎县。

【拍摄地点】卓玛峡谷。

【学名】秦岭小檗 *Berberis circumserrata*（Schneid.）Schneid.

【科】小檗科 **Berberidaceae**

【属】小檗属 ***Berberis* L.**

【形态特征】落叶灌木；老枝黄色或黄褐色，具稀疏黑色疣点，具条棱；茎刺三分叉；叶簇生，倒卵状长圆形或倒卵形，具短柄，边缘密生整齐刺齿；花黄色，2～5朵簇生；萼片6，二轮，外萼片长圆状椭圆形，内萼片倒卵状长圆形；花瓣倒卵形，花瓣黄色；浆果椭圆形或长圆形，红色，具宿存花柱。

【生境】山坡、河谷地带、林缘，海拔3 900～4 600m。

【分布】色尼区、比如县、巴青县、嘉黎县。

【拍摄地点】卓玛峡谷。

【学名】桃儿七　*Sinopodophyllum hexandrum*（Royle）Ying

【科】小檗科　**Berberidaceae**

【属】桃儿七属　***Sinopodophyllum*** **Ying**

【形态特征】多年生草本，植株高20～50cm；茎直立，单生，具纵棱；叶2枚，基部心形，3～5深裂，裂片不裂或2～3中裂，背面被柔毛，边缘具粗锯齿；花单生，花瓣6，粉红色，倒卵形或倒卵状长圆形；浆果卵圆形。

【生境】灌丛、林下、山谷，海拔3 200～4 100m。

【分布】嘉黎县。

【拍摄地点】嘉黎县。

【学名】总状绿绒蒿 ***Meconopsis horridula*** **Hook. f. et Thoms. var. *racemosa* (Maxim.) Prain**

【科】罂粟科 **Papaveraceac**

【属】绿绒蒿属 ***Meconopsis*** **Vig.**

【形态特征】一年生草本，叶、萼片、子房、蒴果及果柄被黄褐或淡黄色平展或平伏刺毛；茎不分枝，下部具叶，有时具花葶；叶长圆状披针形或倒披针形，稀窄卵形或线形；总状花序，数枚；花瓣倒卵状长圆形，蓝或蓝紫色；果卵圆形或长卵圆形，顶端至上部4～6瓣裂；种子长圆形。

【生境】高山流石滩、林下、灌丛、山坡草甸，海拔3 700～5 400m。

【分布】安多县、嘉黎县、比如县、巴青县、索县、色尼区。

【拍摄地点】嘉黎县。

【学名】多刺绿绒蒿　*Meconopsis horridula* **Hook. f. et Thoms.**

【科】罂粟科　**Papaveraceac**

【属】绿绒蒿属　***Meconopsis*** **Vig.**

【形态特征】一年生草本；全株被黄褐色或淡黄色硬刺；叶披针形，基生叶莲座状，边缘全缘或波状，被黄褐色或淡黄色硬刺；花单生，半下垂，花瓣蓝色或蓝紫色；蒴果倒卵形或椭圆状长圆形，被锈色或黄褐色、平展或反曲的刺，刺基部增粗。

【生境】高山流石滩、林下、灌丛、山坡草甸，海拔3 700 ~ 5 400m。

【分布】安多县、嘉黎县、比如县、巴青县、索县、色尼区。

【拍摄地点】安多县。

【学名】全缘叶绿绒蒿 *Meconopsis integrifolia*（**Maxim.**）**Franch.**

【科】罂粟科 **Papaveraceac**

【属】绿绒蒿属 ***Meconopsis* Vig.**

【形态特征】多年生草本；全体被红褐色或金黄色长柔毛；茎粗壮，不分枝；基生叶莲座状，倒披针形、倒卵形或近匙形；花2～6朵顶生或腋生；花瓣椭圆形至倒卵形，黄色；蒴果宽椭圆状长圆形至椭圆形。

【生境】高山流石滩、林下、灌丛、山坡草甸，海拔3 700～5 400m。

【分布】安多县、嘉黎县、比如县、巴青县、索县、色尼区。

【拍摄地点】安多县。

【学名】细果角茴香　***Hypecoum leptocarpum*** **Hook. f. et Thoms.**

【科】罂粟科　**Papaveraceac**

【属】角茴香属　***Hypecoum*** **L.**

【形态特征】一年生草本；茎丛生，多分枝，常铺散于地上；基生叶多，窄倒披针形，二回羽状全裂，叶片蓝绿色；花茎多数，花小，二歧聚伞花序；萼片卵形或卵状披针形；花瓣4，淡紫色；蒴果直立，圆柱形，常节裂。

【生境】灌丛、河谷、滩地、山坡石缝中，海拔3 600～4 700m。

【分布】色尼区、比如县、索县、嘉黎县、巴青县。

【拍摄地点】色尼区。

【学名】粗糙黄堇　*Corydalis acaberula* **Maxim.**

【科】罂粟科　**Papaveraceac**

【属】紫堇属　***Corydalis* Vent.**

【形态特征】多年生草本；高10～15cm，茎单生或丛生，铺散地面；叶二回羽状深裂至浅裂，小裂片椭圆形或卵形，背面被短腺毛；总状花序，多花密集，呈卵球状，花瓣淡黄带紫色，橙黄色，背部具鸡冠状突起，距圆柱形，蒴果长圆形；种子圆形，种阜具细牙齿。

【生境】高山草甸或流石滩，海拔3 500～5 400m。

【分布】安多县、色尼区。

【拍摄地点】唐古拉山。

【学名】尖突黄堇　*Corydalis mucronifera* **Maxim.**

【科】罂粟科　**Papaveraceac**

【属】紫堇属　***Corydalis* Vent.**

【形态特征】多年生垫状草本；高3～5cm，幼叶被毛；茎多分枝，铺散；叶三出羽状分裂或掌状分裂，小叶片卵圆形或心形，具芒状尖突；花序伞房状，少花，花黄色；外花瓣具鸡冠状突起，内花瓣顶端暗绿色；蒴果椭圆形。

【生境】高山流石滩，海拔4 100～4 700m。

【分布】安多县、嘉黎县。

【拍摄地点】唐古拉山。

【学名】尼泊尔黄堇　*Corydalis mucronifera* Maxim.

【科】罂粟科　**Papaveraceac**

【属】紫堇属　***Corydalis* Vent.**

【形态特征】多年生垫状草本；高3～5cm，幼叶被毛；茎多分枝，铺散；叶三出羽状分裂或掌状分裂，小叶片卵圆形或心形，具芒状尖突；花序伞房状，少花，花黄色；外花瓣具鸡冠状突起，内花瓣顶端暗绿色；蒴果椭圆形。

【生境】高山流石滩，海拔4 100～4 700m。

【分布】安多县、嘉黎县。

【拍摄地点】唐古拉山。

【学名】条裂黄堇　*Corydalis linarioides* **Maxim.**

【科】罂粟科　**Papaveraceac**

【属】紫堇属　***Corydalis* Vent.**

【形态特征】多年生草本；块根纺锤状，肉质，具柄；茎直立，不分枝，上部具叶；叶羽状分裂，基生叶少数，顶生裂片具柄；总状花序顶生，具数枚；花瓣黄色，背部鸡冠状突起；蒴果长圆形，反折。

【生境】高山草甸、灌丛、流石滩或山坡石缝中，海拔3 600 ~ 4 700m。

【分布】色尼区、比如县、索县、嘉黎县、巴青县。

【拍摄地点】索县。

【学名】锥花黄堇　*Corydalis thyraiflora* Prain

【科】罂粟科　**Papaveraceac**

【属】紫堇属　***Corydalis* Vent.**

【形态特征】多年生草本；高10～15cm，茎单生或丛生，铺散地面；叶二回羽状深裂至浅裂，小裂片椭圆形或卵形，背面被短腺毛；总状花序，多花密集，呈卵球状，花瓣淡黄带紫色，橙黄色，背部具鸡冠状突起，距圆柱形，蒴果长圆形；种子圆形，种阜具细牙齿。

【生境】高山草甸或流石滩，海拔3 500～5 400m。

【分布】安多县、色尼区。

【拍摄地点】唐古拉山。

【学名】糙果紫堇　*Corydalis trachycarpa* **Maxim.**

【科】罂粟科　**Papaveraceac**

【属】紫堇属　***Corydalis*** **Vent.**

【形态特征】多年生草本，高10～30cm，块茎棒状长条形；茎少分枝，具细棱；叶椭圆形或卵形；总状花序，多花密集，生于茎和分枝顶端，花乳白色或灰白色，顶端紫褐色，子房绿色，椭圆形，具肋；蒴果狭倒卵形；种子少数，近圆形，黑色，具光泽。

【生境】高山草甸、灌丛、流石滩或山坡石缝中，海拔3 600～4 700m。

【分布】色尼区、比如县、索县、嘉黎县、巴青县。

【拍摄地点】索县。

【学名】头花独行菜 *Lepidium capitatum* **Hook. f. et. Thoms.**

【科】十字花科 **Cruciferae**

【属】独行菜属 ***Lepidium*** **L.**

【形态特征】一年生或二年生草本；茎匍匐或近直立，分枝铺散，被腺毛；叶羽状半裂，上部莲生叶较小，羽状半裂或仅有锯齿，无柄；总状花序腋生，近头状；花瓣白色，倒卵状楔形；短角果卵形，顶端微凹，有不明显翅，无毛。

【生境】田边、盐碱地，海拔3 500 ~ 4 700m。

【分布】比如县、安多县、巴青县、索县、嘉黎县、尼玛县。

【拍摄地点】比如县。

【学名】菥蓂　*Thlaspi arvense* L.

【科】十字花科　**Cruciferae**

【属】菥蓂属　***Thlaspi* L.**

【形态特征】一年生草本；全株无毛；茎单一，直立；基生叶有柄，茎生叶长圆状披针形，边缘有疏齿，基部箭形，抱茎；总状花序顶生和腋生；萼片直立，卵形，淡黄绿色；花瓣白色，长圆状倒卵形；短角果近圆形或倒卵形，具宽翅，扁平，顶端凹陷。

【生境】田边、山坡、荒地，海拔3 500～4 600m。

【分布】嘉黎县、尼玛县、巴青县、比如县、索县。

【拍摄地点】比如县。

【学名】荠 *Capsella bursa-pastoris*（L.）Medic.

【科】十字花科 **Cruciferae**

【属】荠属 ***Capsella* Medic.**

【形态特征】一年或二年生草本；基生叶丛生呈莲座状，大头羽状分裂至边缘为浅波状齿；茎生叶窄披针形或披针形，基部箭形，抱茎，边缘有缺刻或锯齿；总状花序顶生及腋生，花瓣白色，卵形；短角果倒三角形或倒心状三角形，扁平，顶端微凹。

【生境】荒地、灌丛、田边，海拔3 500～4 700m。

【分布】比如县、巴青县、索县、嘉黎县、安多县、尼玛县。

【拍摄地点】比如县。

【学名】垂果南芥　*Arabis pendula* L.

【科】十字花科　**Cruciferae**

【属】南芥属　***Arabis* L.**

【形态特征】二年生草本；全株被刚毛状单毛、兼有少量无柄星状毛；主根圆锥状，黄白色；茎直立，上部分枝；茎下部叶长椭圆形或倒卵形，先端渐尖，边缘有浅锯齿，基部渐窄；茎上部叶窄长椭圆形或披针形，基部心形或箭形，抱茎，上面黄绿或绿色；总状花序顶生或腋生；萼片椭圆形；花瓣白色、匙形；长角果线形，弧曲，下垂。

【生境】林缘草地、山坡、河滩，海拔3 500 ~ 4 700m。

【分布】索县、色尼区、巴青县。

【拍摄地点】索县。

【学名】西藏豆瓣菜　*Nasturtium tibeticum* **Maxim.**

【科】十字花科　**Cruciferae**

【属】豆瓣菜属　***Nasturtium* R. Br.**

【形态特征】二年生矮小草本；高2～8cm，全株皆具白色硬糙毛；茎基部多数分枝，铺散或斜升；叶基生，披针形或长圆状披针，叶缘篦齿状深裂；总状花序多花，结果时延长；萼片宽椭圆形，具膜质边缘；花瓣白色，瓣片下部带紫色，宽楔形，顶端凹缺或截形，基部具细爪；长角果近圆柱形，具硬毛。

【生境】河滩、湖边、流石滩，海拔3 500～4 600m。

【分布】安多县、嘉黎县、尼玛县。

【拍摄地点】尼玛县。

【学名】紫花糖芥　*Erysimum chamaephyton* **Maxim.**

【科】十字花科　**Cruciferae**

【属】糖芥属　***Erysimum* L.**

【形态特征】多年生草本；高1.5 ~ 3cm；根粗；全体有2叉丁字毛；茎短缩，根颈多头，或再分歧，在地面有多数叶柄残余；基生叶莲座状，叶片长圆状线形，顶端急尖，基部渐狭，全缘；花葶多数，直立，背面凸出；花瓣浅紫色，匙形，顶端圆形或截平，有脉纹，具爪；长角果长圆形，四棱，坚硬，顶端稍弯曲；种子卵形或长圆形。

【生境】河谷、阶地、多石山坡或草滩，海拔3 800 ~ 4 600m。

【分布】安多县、班戈县、色尼区、尼玛县。

【拍摄地点】尼玛县。

【学名】红紫桂竹香　*Cheiranthus roseus* **Maxim.**

【科】十字花科　**Cruciferae**

【属】桂竹香属　***Cheiranthus* L.**

【形态特征】多年生草本；高3～15cm，全株具二叉分叉毛；几无茎；基生叶披针形或线形，顶端急尖，基部渐狭，全缘或具疏生细齿；总状花序伞房状；花粉红色或红紫色；萼片直立，披针状长圆形或卵状长圆形；花瓣倒披针形，有深紫色脉纹；长角果线形，有4棱。

【生境】高山草甸、高山灌丛、河滩、林下，海拔3 500～4 900m。

【分布】比如县、巴青县、索县、嘉黎县、安多县。

【拍摄地点】安多县。

【学名】播娘蒿　*Descurainia sophia*（L.）Webb. ex Prantl

【科】十字花科　**Cruciferae**

【属】播娘蒿属　***Descurainia* Webb et Berth.**

【形态特征】一年或两年生草本；高20～80cm；全株被叉状星状毛；以下部茎生叶为多，向上渐少；茎直立，茎上部多分枝，常于下部成淡紫色；叶为3回羽状深裂，末端裂片条形或长圆形；花序伞房状；花瓣黄色，长圆状倒卵形；长角果圆筒状，无毛，稍内曲，与果梗不成1条直线，果瓣中脉明显；种子每室1行，种子形小，多数，长圆形，稍扁，淡红褐色，表面有细网纹。

【生境】山地草甸、沟谷、田边，海拔3 800～4 500m。

【分布】巴青县、索县、嘉黎县、比如县。

【拍摄地点】嘉黎县。

【学名】尖果寒原荠　*Aphragmus oxycarpus*（**Hook. f. et Thomson**）**Jafri**

【科】十字花科　**Cruciferae**

【属】寒原荠属　***Aphragmus* Andrz. ex DC.**

【形态特征】多年生草本；全株被单毛和分叉毛，或无毛；茎直立，自基部分枝；叶窄卵圆形或匙形，基生叶密集，两侧膜质；萼片无毛，常紫色，宽倒卵形；花瓣白或淡紫色，倒卵形；短角果矩圆状披针形，扁平。

【生境】高山草甸、高山灌丛，海拔4 300 ~ 5 100m。

【分布】索县、安多县。

【拍摄地点】安多县。

【学名】蒙古葶苈　*Draba mongolica* Turcz.

【科】十字花科　**Cruciferae**

【属】葶苈属　***Draba*** **L.**

【形态特征】多年生丛生草本；茎直立，单一或分枝，被灰白色小星状毛；莲座状茎生叶披针形，全缘；总状花序密集成伞房状；萼片椭圆形，背面生单毛和叉状毛；花瓣白色，长倒卵形；短角果卵形或狭披针形。

【生境】山顶岩石隙间、草地、阳坡及河滩地，海拔3 500 ~ 4 600m。

【分布】巴青县、比如县、索县。

【拍摄地点】比如县。

【学名】棉毛葶苈 ***Draba winterbottomii*** **（Hook. f. et Thomson）Pohle**

【科】十字花科 **Cruciferae**

【属】葶苈属 ***Draba*** **L.**

【形态特征】多年生丛生草本；根茎分枝，呈匍匐状，宿存条状披针形，枯叶成覆瓦状鳞片，禾草色或褐色；花茎直立或略弯，不分枝，无叶，被白色棉毛状星状分叉毛或叉状毛；基生叶密集成近于莲座状；叶长椭圆形，全缘，两面具白色星状分叉毛和三叉毛；总状花序，花疏生；花瓣白色或黄色，倒卵状楔形；短角果长条形，有毛，平直或扭转；柱头细。

【生境】高山草原、流石滩，海拔5 000 ~ 5 200m。

【分布】安多县、申扎县。

【拍摄地点】安多县。

【学名】长鞭红景天 *Rhodiola fastigiata*（Hook. f. et Thoms.）S. H. Fu

【科】景天科 **Crassulaceae**

【属】红景天属 ***Rhodiola* L.**

【形态特征】多年生肉质草本；花茎长8～20cm，叶密生；叶互生，条状矩圆形至条状披针形，先端钝，全缘，被微乳头状凸起；花序伞房状，花密生，5基数；花瓣5，红色，矩圆状披针形；雄蕊10；蓇葖长7～8mm，直立，先端稍外弯。

【生境】山坡湿润石缝、高山草甸、高山流石滩、河边砂砾地，海拔3 300～5 400m。

【分布】索县、比如县、安多县。

【拍摄地点】安多县。

【学名】小丛红景天　*Rhodiola dumulosa*（**Franch.**）**S. H. Fu**

【科】景天科　**Crassulaceae**

【属】红景天属　***Rhodiola* L.**

【形态特征】多年生草本；根颈粗壮，分枝；花茎聚生主轴顶端，不分枝；叶互生，线形或宽线形，全缘；无柄；花序聚伞状，萼片5，线状披针形；花瓣5，直立，白或红色，披针状长圆形，直立；心皮5，卵状长圆形，直立。

【生境】山坡石缝、高山流石滩，海拔4 500 ~ 5 000m。

【分布】色尼区、安多县、巴青县。

【拍摄地点】巴青县。

【学名】四裂红景天 *Rhodiola quadrifida*（**Pall.**）**Fisch. et. Mey.**

【科】景天科 **Crassulaceae**

【属】红景天属 ***Rhodiola*** **L.**

【形态特征】多年生草本；老茎残存；花茎稻秆色，直立，叶密生；叶互生，无柄，线形，全缘；伞房花序花少数，花梗与花等长或较短，花长为单性；萼片线状披针形；花瓣紫红色，长圆状倒卵形；雄蕊8，与花瓣等长或稍长；蓇葖披针形，直立，有反折短喙。

【生境】高山草甸、山坡石缝、沼泽，海拔3 000 ~ 5 700m。

【分布】申扎县、安多县、班戈县、双湖县。

【拍摄地点】双湖县。

【学名】喜马红景天 ***Rhodiola himalansis*** **(D. Don) S. H. Fu**

【科】景天科 **Crassulaceae**

【属】红景天属 ***Rhodiola*** **L.**

【形态特征】多年生草本；老花茎残存，花茎直立，红色；叶互生，疏覆瓦状排列，倒卵形或长圆状倒披针形，基部圆，先端有齿，被微乳头状凸起，红色；花序伞房状，花梗细，雌雄异株；萼片狭三角形；花瓣4～5，深紫红色，长圆状披针形；鳞片宽梯形，先端微缺；心皮直立。

【生境】水沟边岩缝、山坡半沼泽地，海拔3 000～4 900m。

【分布】色尼区。

【拍摄地点】卓玛峡谷。

【学名】藏布红景天 *Rhodiola sangpo-tibetana*（**Frod**）**S. H. Fu**

【科】景天科 **Crassulaceae**

【属】红景天属 ***Rhodiola* L.**

【形态特征】多年生草本；根颈直立，粗，不分枝；基生叶鳞片状，外面的三角状半圆形，先端有线形或长圆形附属物，里面的宽线形；花茎直立，细弱，不分枝，基部被鳞片；花茎的叶互生，长卵形或卵状线形，钝，全缘；伞房状花序，花疏生；花两性；花瓣5，近长圆形先端尖，外面上部呈龙骨状，全缘；蓇葖直立，种子少数；种子近倒卵状长圆形；花期7—9月，果期8—12月。

【生境】河滩砂砾地、砂质草地及石缝中，海拔4 000 ~ 5 000m。

【分布】班戈县、申扎县、安多县、色尼区。

【拍摄地点】班戈县。

【学名】高原景天 *Sedum przewalskii* **Maxim.**

【科】景天科 **Crassulaceae**

【属】景天属 ***Sedum* L.**

【形态特征】一年生草本；无毛；根纤维状；花茎直立，常自基部分枝；叶宽披针形至卵形，有截形宽距，先端钝；花序伞房状，有3～7花，苞片叶形；萼片半长圆形，无距，先端钝；花瓣黄色，三角状卵形，略合生，先端钝；雄蕊鳞片狭线形或近线状匙形，先端近钝形；心皮近菱形，离生或合生；种子卵状长圆形，有小乳头状突起。

【生境】山坡草地、石坡，海拔4 100～5 400m。

【分布】索县、比如县、巴青县、色尼区。

【拍摄地点】比如县。

【学名】白小伞虎耳草　*Saxifraga umbellulata* **Hook. f. et Thoms. var.** ***muricola*** **（Marquand et Airy-Shaw）J. T. Pan**

【科】虎耳草科　**Saxifragaceae**

【属】虎耳草属　***Saxifraga*** **L.**

【形态特征】多年生草本；茎不分枝，被褐色腺毛；基生叶密集，呈莲座状，匙形，先端钝，无毛，边缘具软骨质齿；聚伞花序伞状或复伞状；花梗纤弱，被褐色腺毛；萼片卵形至三角状狭卵形，先端急尖或稍钝，腹面无毛，背面和边缘多少具褐色腺毛，3脉于先端不汇合；花瓣白色，有时带红。

【生境】向阳峭壁、高山碎石隙，海拔3 600～4 600m。

【分布】比如县、嘉黎县。

【拍摄地点】嘉黎县。

【学名】黑心虎耳草 *Saxifraga melanocentra* **Franch.**

【科】虎耳草科 **Saxifragaceae**

【属】虎耳草属 ***Saxifraga* L.**

【形态特征】多年生草本；茎直立；叶基生，具柄，叶卵形、至阔卵形，先端急尖或稍钝，边缘具圆齿状锯齿和腺睫毛，两面疏生柔毛或无毛；花葶被卷曲腺柔毛；聚伞花序伞房状，具多花；花梗被柔毛；萼片在花期开展或反曲，先端钝或渐尖，具3～8脉，脉于先端汇合成1疣点；花瓣白色；花盘环形；2心皮黑紫色，中下部合生；子房阔卵球形。

【生境】高山灌丛、高山草甸和高山碎山隙，海拔3 600～5 400m。

【分布】比如县、安多县、班戈县。

【拍摄地点】安多县。

【学名】山羊臭虎耳草　*Saxifraga hirculus* L.

【科】虎耳草科　**Saxifragaceae**

【属】虎耳草属　***Saxifraga* L.**

【形态特征】多年生草本；高6～21cm；茎疏被褐色卷曲柔毛；基生叶具长柄，叶椭圆形至条状矩圆形，两面无毛，边缘疏生褐色柔毛或无毛；花单生于茎顶，或聚伞花序具2～4花；萼片花期直立，后变反曲；花瓣黄色，具2痂体；花柱2。

【生境】高山灌丛、高山草甸、沼泽，海拔4 500～4 600m。

【分布】比如县、嘉黎县、索县、巴青县。

【拍摄地点】嘉黎县。

【学名】珠芽虎耳草　*Saxifraga granulifera* **Harry Sm.**

【科】虎耳草科　**Saxifragaceae**

【属】虎耳草属　***Saxifraga* L.**

【形态特征】多年生草本；茎被腺毛；茎生叶腋部具珠芽，基生叶具柄，具腺毛，叶片肾形至近圆形，7～9浅裂，略具腺毛或近无毛，边缘具腺毛，茎生叶具柄，叶片肾形至近圆形，5～7浅裂，具腺毛；聚伞花序，具腺毛；萼片在花期直立，卵形，背部略具腺毛；花瓣淡黄色，狭倒卵形，基部渐狭成爪；子房卵形；蒴果。

【生境】高山草甸、高山碎石隙，海拔3 600～4 800m。

【分布】比如县、嘉黎县、索县、巴青县、安多县。

【拍摄地点】安多县。

【学名】狭果茶藨子　*Ribes stenocarpum* **Maxim.**

【科】虎耳草科　**Saxifragaceae**

【属】茶藨属　***Ribes*** **L.**

【形态特征】灌木；高1～2m；老枝灰色至灰褐色，当年生枝条黄绿色至黄褐色，具刺，常3个簇生；叶对生，疏生腺毛圆五角形或圆卵形，掌状3裂，基部心形或楔形，裂片先端锐尖，边缘具圆状齿，两面和边缘均有疏短柔毛；花白色，长椭圆形，花瓣5，菱形；浆果，无刺，狭长，黄褐色，先端冠以宿存萼筒。

【生境】山坡石缝，海拔3 600～4 000m。

【分布】比如县、色尼区、索县、巴青县。

【拍摄地点】比如县。

【学名】糖茶藨 ***Ribes himalense*** **Royle**

【科】虎耳草科 **Saxifragaceae**

【属】茶藨属 ***Ribes*** **L.**

【形态特征】落叶灌木或小乔木；高0.4～2m；枝幼紫红色；叶心形，中间裂片较两边大，基部较小，裂片顶端急尖，下面有腺体，有疏生的细毛，具黏性，有不整齐的深裂锯齿；总状花序；花绿色，阔钟形，有细毛或无毛，具香味；萼片阔倒卵形；花柱于雄蕊等长；果近球形，红色或黑色；花期4月，果期7月。

【生境】山坡石缝，海拔3 600～4 000m。

【分布】色尼区、巴青县、比如县、嘉黎县。

【拍摄地点】卓玛峡谷。

【学名】密序溲疏　*Deutzia compacta* **Craib**

【科】虎耳草科　**Saxifragaceae**

【属】溲疏属　***Deutzia* Thunb**

【形态特征】灌木，老枝褐色，无毛，花枝褐色或红褐色，被星状毛；叶纸质，卵状披针形或长圆状披针形，先端急尖或渐尖，边缘具细锯齿，疏被辐线星状毛；伞房花序顶生；花蕾近球形；花瓣粉红色，先端圆形；花柱3枚，比雄蕊稍短；蒴果，近球形。

【生境】林缘、山坡，海拔3 600 ~ 4 600m。

【分布】嘉黎县。

【拍摄地点】嘉黎县。

【学名】高山绣线菊 *Spiraea alpina* **Pall.**

【科】蔷薇科 **Rosaceae**

【属】绣线菊属 ***Spiraea* L.**

【形态特征】灌木；高50～120cm；小枝有明显棱角，幼时被短柔毛，红褐色，老时灰褐色，无毛；冬芽具数枚外露鳞片；叶片多数簇生，线状披针形至长圆倒卵形，全缘，下面灰绿色，具粉霜；伞形总状花序具短总梗，具花3～15朵；花瓣倒卵形或近圆形，白色花盘显著，圆环形，具10个发达的裂片。蓇葖果开张。

【生境】高山山坡、谷地、河岸阶地、杂木林、灌丛，3 900～4 600m。

【分布】色尼区、巴青县、索县、聂荣县、嘉黎县、比如县。

【拍摄地点】嘉黎县。

【学名】高丛珍珠梅　*Sorbaria arborea* Schneid.

【科】蔷薇科　**Rosaceae**

【属】珍珠梅属　***Sorbaria*（Ser.）A. Br. ex Aschers**

【形态特征】灌木；小枝圆柱形，稍有棱角，幼时黄绿色，老时暗红褐色，无毛；冬芽卵形或近长圆形，先端钝，紫褐色，具数枚外露鳞片，外被茸毛；羽状复叶，小叶披针形至长圆披针形，边缘有重锯齿；顶生大型圆锥花序，分枝开展；苞片线状披针形，微被短柔毛；花瓣近圆形，白色；蓇葖果圆柱形，无毛，花柱在顶端稍向外弯曲；萼片宿存，反折，果梗弯曲，果实下垂。

【生境】林下、河边，海拔2 900～3 600m。

【分布】嘉黎县。

【拍摄地点】嘉黎县。

【学名】小叶栒子 *Cotoneaster microphyllus* **Wall. ex Lindl.**

【科】蔷薇科 **Rosaceae**

【属】栒子属 ***Cotoneaster* B. Ehrh.**

【形态特征】矮生灌木；高达10～50cm；枝条开展；叶片厚革质，倒卵形至长圆倒卵形，上面无毛或具稀疏柔毛，下面被带灰白色短柔毛，叶边反卷；花通常单生，稀2～3朵，萼筒钟状，外面有稀疏短柔毛，内面无毛；花瓣平展，近圆形，白色；果实球形，红色，内常具2小核；花期5—6月，果期8—9月。

【生境】多石山坡地、灌木丛中，海拔3 600～4 800m。

【分布】色尼区、巴青县、索县、嘉黎县。

【拍摄地点】巴青县。

【学名】山荆子　*Malus baccata*（L.）**Borkh.**

【科】蔷薇科　**Rosaceae**

【属】苹果属　***Malus* Mill.**

【形态特征】乔木；幼枝细弱，微屈曲，圆柱形，无毛；冬芽卵形，顶端渐尖，鳞片边缘微具茸毛，红褐色；叶片卵形或椭圆形，边缘有圆钝锯齿；托叶膜质，披针形，无毛；苞片膜质，线状披针形，早落；花瓣倒卵形，基部有短爪，白色；花柱5或4，基部有长柔毛，较雄蕊长；果实近球形，红色或黄色，柄洼及萼洼稍微凹入，萼片脱落。

【生境】生疏林中，海拔3 100～3 800m。

【分布】嘉黎县。

【拍摄地点】嘉黎县。

【学名】扁刺蔷薇 *Rosa sweginzowii* **Koehne**

【科】蔷薇科 **Rosaceae**

【属】蔷薇属 ***Rose* L.**

【形态特征】灌木；小枝无毛，紫红色，基部具膨大扁平皮刺，有时老枝混生针刺；奇数羽状复叶，具小叶7～11，小叶椭圆形或卵状长圆形，有重锯齿，小叶柄和叶轴有柔毛，腺毛和散生小皮刺；花单生或2～3簇生，卵状披针形；花瓣粉红色，宽倒卵形，先端微凹；花柱离生，密被柔毛，短于雄蕊；果长圆形或倒卵状长圆形，顶端有短颈，熟时紫红色，外面常有腺毛；宿萼直立。

【生境】沟谷、灌丛、林下、石缝隙，海拔3 100～4 200m。

【分布】巴青县、比如县、索县、嘉黎县。

【拍摄地点】比如县。

【学名】伏毛山莓草　*Sibbaldia adpressa* Bge.

【科】蔷薇科　**Rosaceae**

【属】山莓草属　***Sibbaldia*** **L.**

【形态特征】多年生草本；花茎矮小，丛生，被绢状糙伏毛；基生叶为羽状复叶，有小叶2对，顶生小叶倒披针形或倒卵状长圆形，先端平截，有2～3齿；聚伞花序具数花，或单花顶生；萼片三角状卵形，副萼片长椭圆形，背面被绢状糙伏毛；花瓣黄或白色，倒卵状长圆形；雄蕊10；瘦果有明显皱纹。

【生境】山坡草甸、山坡石灰岩上，海拔4 200～5 200m。

【分布】双湖县、申扎县、班戈县。

【拍摄地点】双湖县。

【学名】西藏草莓　*Fragaria nubicola* **Lindl. ex Lacaita**

【科】蔷薇科　**Rosaceae**

【属】草莓属　***Fragaria* L.**

【形态特征】多年生草本；匍匐枝纤细，茎被紧贴白色绢状柔毛；叶为3小叶，稀开展；小叶具短柄或无柄，椭圆形或倒卵形，顶端圆钝，基部款楔形或圆形，边缘有缺刻状急尖锯齿；花朵1至数朵；萼片卵状披针形或卵状长圆形，顶端渐尖，全缘，稀有齿；花瓣倒卵椭圆形；聚合果乱球形；瘦果乱球形，光滑或有脉纹。

【生境】林下、灌丛、河滩，海拔3 200～4 100m。

【分布】嘉黎县、比如县。

【拍摄地点】嘉黎县。

【学名】狭叶委陵菜 *Potentilla stenophya*（Franch.）Diels

【科】蔷薇科 **Rosaceae**

【属】委陵菜属 ***Potentilla* L.**

【形态特征】多年生草本；根粗大，圆柱形；茎直立，密被绢状长柔毛；基生叶为羽状复叶，小叶无柄，顶端截形，稀近圆形，托叶膜质，褐色；茎生叶退化成小叶状，托叶草质，绿色；单花顶生或2～3朵成聚伞状；萼片卵形，先端急尖；花瓣黄色，倒卵形，比萼片长2倍以上；花柱侧生，小枝状，柱头稍微扩大；瘦果表面光滑或有皱纹。

【生境】生山坡草地、山顶草甸、山坡灌丛下，海拔3 800～5 000m。

【分布】色尼区、安多县、聂荣县、比如县、巴青县、索县。

【拍摄地点】比如县。

【学名】垫状金露梅 *Potentilla fruticosa* L. var. *pumila* Hook. f.

【科】蔷薇科 **Rosaceae**

【属】委陵菜属 ***Potentilla* L.**

【形态特征】垫状灌木，密集丛生，高5～10cm；小叶片5，椭圆形，长3～5mm，宽3～4mm，上面密被伏毛，下面网脉明显，几无毛或被稀疏柔毛，叶边缘反卷；单花顶生，花直径1～1.5cm，几无柄或柄极短，易与其他变种相区别；花期6月。

【生境】高山草甸、流石滩、灌丛、砾石坡，海拔4 000～5 000m。

【分布】色尼区、申扎县、班戈县、双湖县、尼玛县。

【拍摄地点】双湖县。

【学名】钉柱委陵菜　***Potentilla saundersiana* Royle**

【科】蔷薇科　**Rosaceae**

【属】委陵菜属　***Potentilla* L.**

【形态特征】多年生草本；根圆柱状，粗壮；花茎直立或上升，被白色茸毛及疏长柔毛；基生叶3～5掌状复叶，小叶长圆状倒卵形，先端圆钝或急尖，基部楔形，边缘缺刻状锯齿；花多数排成顶生疏散聚伞花序，花瓣黄色，倒卵形，先端凹；萼片三角状卵形或三角状披针形，副萼片披针形，短于萼片或近等长，外面被白色茸毛及长柔毛；瘦果光滑。

【生境】高山草甸、山坡草地、沙质地，海拔3 200～5 200m。

【分布】色尼区、安多县、申扎县、班戈县、双湖县、尼玛县、嘉黎县、聂荣县、巴青县、比如县。

【拍摄地点】色尼区。

【学名】多头委陵菜 *Potentilla multiceps* **Yu et Li**

【科】蔷薇科 **Rosaceae**

【属】委陵菜属 ***Potentilla* L.**

【形态特征】多年生草本；根茎多枝密集如垫状；茎直立，铺散或上升；基生叶为羽状复叶；小叶对生或互生，椭圆形或倒卵椭圆形，羽状深裂几达中脉，每边有裂片1～3，小裂片带状，舌形，顶端圆钝，边缘平坦；花单生或数朵成聚伞花序；萼片椭圆披针形或三角卵形，副萼片狭带形，短于萼片，背面被短柔毛及稀疏柔毛；花瓣黄色，倒卵形，顶端微凹，比萼片长半倍。

【生境】山坡草地、流石滩，海拔4 000～4 600m。

【分布】色尼区、安多县、聂荣县。

【拍摄地点】安多县。

【学名】金露梅　*Potentilla fruticosa* L.

【科】蔷薇科　**Rosaceae**

【属】委陵菜属　***Potentilla* L.**

【形态特征】灌木；高0.5～2m，多分枝，树皮纵向剥落；羽状复叶，有小叶2对，稀3小叶，全缘，边缘平坦，顶端急尖或圆钝，基部楔形，两面绿色，疏被绢毛或柔毛或脱落近于几毛；单花或数朵生于枝顶；花瓣黄色，宽倒卵形。瘦果近卵形，褐棕色；花果期6—9月。

【生境】高山草甸、山坡、林缘，海拔3 600～4 800m。

【分布】色尼区、巴青县、嘉黎县、索县、比如县。

【拍摄地点】嘉黎县。

【学名】蕨麻委陵菜 ***Potentilla anserina* L.**

【科】蔷薇科 **Rosaceae**

【属】委陵菜属 ***Potentilla* L.**

【形态特征】多年生草本；根向下延长，有时在根的下部长成纺锤形或椭圆形块根；茎匍匐，在节处生根，常着地长出新植株；基生叶为间断羽状复叶，有小叶6～11对，叶柄被伏生或半开展疏柔毛；小叶对生或互生，顶端圆钝，基部楔形或阔楔形，边缘具尖锐锯齿或呈裂片状，茎生叶与基生叶相似，唯小叶对数较少；花瓣黄色，倒卵形、顶端圆形，比萼片长1倍；花柱侧生，小枝状，柱头稍扩大。

【生境】沙质土壤、溪流边、河滩草地、山坡湿润草地、沼泽草甸，海拔2 500～4 800m。

【分布】色尼区、安多县、班戈县、申扎县、双湖县、嘉黎县、聂荣县、巴青县、比如县。

【拍摄地点】安多县。

【学名】小叶金露梅　***Pentaphylloides parvifolia*** **Fisch.**

【科】蔷薇科　**Rosaceae**

【属】委陵菜属　***Potentilla*** **L.**

【形态特征】灌木；分枝较密，树皮纵向剥落；羽状复叶，具3 ~ 7小叶，基部2对呈掌状或轮状排列，小披针形、带状披针形或倒卵状披针形，先端常渐尖，基部楔形，边缘全缘，反卷，两面绿色，被绢毛，或下面粉白色；单花或数朵，顶生；萼片卵形，先端急尖，副萼片披针形、卵状披针形；花瓣黄色；瘦果被毛。

【生境】高山草甸、河谷、灌丛、林缘，海拔3 600 ~ 4 800m。

【分布】色尼区、巴青县、嘉黎县、索县、比如县。

【拍摄地点】嘉黎县。

【学名】银露梅 *Potentilla glabra* **Lodd.**

【科】蔷薇科 **Rosaceae**

【属】委陵菜属 ***Potentilla* L.**

【形态特征】灌木；高0.3～2m，树皮纵向剥落；叶羽状复叶，有小叶2对，稀3小叶，上面1对小叶基部下延与轴汇合，叶柄被疏柔毛，小叶全缘，两面绿色，被疏柔毛或几无毛；顶生单花或数朵；花瓣白色，倒卵形，顶端圆钝；瘦果表面被毛；花果期6—9月。

【生境】山坡草地、河谷岩石缝中、灌丛、林中，海拔3 800～4 800m。

【分布】色尼区、巴青县、嘉黎县、索县、比如县。

【拍摄地点】索县。

【学名】二裂委陵菜　*Potentilla bifurca* L.

【科】蔷薇科　**Rosaceae**

【属】委陵菜属　***Potentilla* L.**

【形态特征】多年生草本；根圆柱形，纤细，木质；花茎直立或上升；高5～20cm，密被疏柔毛或微硬毛；羽状复叶，叶柄密被疏柔毛或微硬毛，小叶片无柄，对生稀互生；花瓣黄色，倒卵形，顶端圆钝，近伞房状聚伞花序；心皮沿腹部有稀疏柔毛；花柱侧生，棒形，基部较细，顶端缢缩，柱头扩大；瘦果表面光滑；花果期5—9月。

【生境】河滩草地、山坡草地、沙质地、山坡草地，海拔3 600～5 100m。

【分布】色尼区、安多县、班戈县、申扎县、尼玛县、双湖县、嘉黎县、聂荣县、巴青县、比如县。

【拍摄地点】色尼区。

【学名】路边青　*Geum aleppicum* **Jacq.**

【科】蔷薇科　**Rosaceae**

【属】路边青属　***Geum* L.**

【形态特征】多年生草本；茎被白色、淡黄色粗硬毛；基生叶为大头羽状复叶，小叶2～6对，具不规则粗大锯齿；花序顶生，疏散排列，花瓣黄色，近圆形；萼片卵状三角形，副萼片披针形；聚合果倒卵状球形，瘦果被长硬毛，宿存花柱顶端有小钩。

【生境】山坡草地、沟边、田边、河滩、林间隙地、林缘，海拔2 900～3 500m。

【分布】嘉黎县、巴青县、比如县。

【拍摄地点】嘉黎县。

【学名】马蹄黄　*Spenceria ramalana* Trimen

【科】蔷薇科　**Rosaceae**

【属】马蹄黄属　***Spenceria* Trimen.**

【形态特征】多年生草本；全株密被白色长柔毛；茎直立，带红褐色；基生叶为奇数羽状复叶，小叶13～21对生，先端2～3浅裂，基部圆，全缘；总状花序顶生，具12～15花，排列稀疏；萼筒倒圆锥形，萼片4～5，披针形，镊合状；花瓣5，黄色，倒卵形，基部有短爪；瘦果近球形，黄褐色。

【生境】高山草甸、高山草地、林下，海拔2 500～3 600m。

【分布】嘉黎县。

【拍摄地点】嘉黎县。

【学名】鲜卑花　*Sibiraea laevigata*（L.）**Maxim.**

【科】蔷薇科　**Rosaceae**

【属】鲜卑花属　***Sibiraea* Maxim.**

【形态特征】灌木；小枝无毛，紫红色；叶在当年生枝上互生，在老枝上丛生，叶线状披针形、宽披针形或长圆状倒披针形，全缘，无毛；顶生穗状圆锥花序，花梗和花序梗均无毛；花瓣白色，倒卵形；花丝极短，花盘环状；雌蕊5；蓇葖果5，具直立稀开展的宿萼。

【生境】高山草甸、高山草地、灌丛、河滩，海拔2 500～4 000m。

【分布】嘉黎县、比如县、巴青县、索县。

【拍摄地点】巴青县。

【学名】山桃 *Amygdalus davidiana*（Carriere）de Vos ex Henry

【科】蔷薇科 **Rosaceae**

【属】桃属 ***Amygdalus* L.**

【形态特征】乔木；树皮光滑，暗紫红色；幼枝细长，直立，无毛，老时褐色；叶片卵状披针形，先端渐尖，基部楔形，边缘有细锐锯齿，两面无毛；叶柄无毛，顶端常无腺体；托叶线状披针形，早落；花单生，先于叶开放，花梗极短，无毛；萼筒钟形；萼片卵形或长圆状卵形，紫色，与萼筒均无毛；花瓣倒卵形或近圆形，粉红色或白色；果淡黄色，近球形，密被短柔毛。

【生境】山坡，海拔3 100～3 800m。

【分布】嘉黎县。

【拍摄地点】嘉黎县。

【学名】披针叶野决明　*Thermopsis lanceolata* **R. Br.**

【科】豆科　**Leguminosae**

【属】野决明属　***Thermopsis*** **R. Br.**

【形态特征】多年生草本，高10～30cm，全株密被白色长柔毛；茎直立或斜升，分枝或单一；掌状三出复叶，椭圆状倒卵形至倒披针形；总状花序顶生；花轮生，花冠黄色，蝶形；荚果扁，条形，浅棕色，先端有长喙，密生短柔毛。

【生境】山坡草地、河边及沙砾地，海拔3 500～4 700m。

【分布】色尼区、比如县、索县、巴青县、嘉黎县、安多县、双湖县。

【拍摄地点】安多县。

【学名】轮生叶野决明　*Thermopsis inflata* Cammbess

【科】豆科　**Leguminosae**

【属】野决明属　***Thermopsis*** **R. Br.**

【形态特征】多年生草本；高10～20cm，具根状茎；茎直立，分枝，被长柔毛；掌状三出复叶，托叶叶状，小叶与托叶呈轮生状，上面近无毛，下面密被长柔毛；总状花序顶生，疏松；花冠黄色，花瓣均等长；荚果阔卵形，膨胀，被长柔毛。

【生境】高山岩壁、坡地、河滩和湖岸砾质草地，海拔4 500～5 100m。

【分布】色尼区、比如县、索县、巴青县、嘉黎县、安多县、双湖县。

【拍摄地点】安多县。

【学名】变色锦鸡儿　*Caragana versicolor*（Wall）Benth.

【科】豆科　**Leguminosae**

【属】锦鸡儿属　***Caragana*** **Lam.**

【形态特征】矮灌木；高20～80cm；皮褐色或深褐色常有条棱，有或无光泽，嫩枝疏被柔毛；叶假掌状或簇生有4片小叶，小叶狭披针形、倒卵状楔形或线形；花冠黄色，旗瓣近圆形，背面红褐色，龙骨瓣的瓣柄与瓣片近等长，耳长约1mm；荚果长2～2.5cm，宽3～4mm，先端尖；花期5—6月，果期7—8月。

【生境】山坡草地、河滩砾石地、沙质地，海拔4 500～4 800m。

【分布】色尼区、巴青县、嘉黎县、比如县、索县。

【拍摄地点】巴青县。

【学名】鬼箭锦鸡儿　*Caragana jubata*（**Pall.**）**Poir.**

【科】豆科　**Leguminosae**

【属】锦鸡儿属　***Caragana*** **Lam.**

【形态特征】直立或匍匐丛生灌木；高15～120cm，植株密具由老叶轴硬化成的针刺树皮深褐色；偶数羽状复叶，具小叶6～7对，羽状排列，长圆形或条状长圆形，托叶先端刚毛状，被长柔毛，先端具针尖；花单生，基部具关节；花冠淡紫色或粉红色或淡黄色；荚果长椭圆形，被长柔毛；花期6—7月。

【生境】山坡、高山灌丛、草甸，海拔3 800～4 700m。

【分布】色尼区、巴青县、嘉黎县、比如县、索县。

【拍摄地点】索县。

【学名】西藏野豌豆 *Vicia tibetica* **Fisch.**

【科】豆科 **Leguminosae**

【属】野豌豆属 ***Vicia* L.**

【形态特征】多年生草本；高10～50cm；茎有分枝，具棱、被微柔毛或近无毛；偶数羽状复叶，托叶三角形，小叶3～6对，互生、厚纸质，长圆形，先端圆，具短尖头，基部圆，渐尖，叶脉密致，两面凸出；总状花序长6～7.5cm；花梗短；花萼斜钟状，花冠红色紫红色或淡蓝色；荚果扁，长圆形，果皮光滑，棕黄色或草黄色，具褐斑点；种子1～4，长圆形；花果期5—8月。

【生境】次生林缘、山坡草地或灌丛，海拔3 900～5 200m。

【分布】色尼区、巴青县、索县、嘉黎县、比如县。

【拍摄地点】比如县。

【学名】锡金岩黄芪　*Hedysarum sikkimense* **Benth. ex Baker**

【科】豆科　**Leguminosae**

【属】岩黄耆属　***Hedysarum* Linn.**

【形态特征】多年生草本；高5～10cm，茎部多分枝；羽状复叶，托叶宽披针形，小叶9～23，椭圆形或卵状椭圆形；总状花序腋生，花序轴和总花梗被短柔毛；花冠紫红色或后期变为蓝紫色，常被短柔毛；荚果1～2节，节荚近圆形、椭圆形或倒卵形，下垂，边缘具不规则齿。

【生境】高山干燥阳坡的高山草甸和高寒草原、疏灌丛以及各种砂砾质干燥山坡，海拔3 500～5 100m。

【分布】安多县、色尼区、巴青县、比如县、索县、嘉黎县、聂荣县。

【拍摄地点】嘉黎县。

【学名】冰川棘豆 ***Oxytropis glacialis*** **Benth. ex Bge.**

【科】豆科 **Leguminosae**

【属】棘豆属 ***Oxytropis*** **DC.**

【形态特征】多年生草本；高3~17cm，茎极缩短，丛生；羽状复叶长，卵形，密被绢状长柔毛，小叶9（13）~（17）19，长圆形或长圆状披针形，两面密被开展绢状长柔毛；6~10花组成球形或长圆形总状花序，花冠紫红色、蓝紫色、偶有白色；龙骨瓣具喙，近三角形、钻形或微弯成钩状，极短；荚果草质，卵状球形或长圆状球形，膨胀；花果期6—9月。

【生境】山坡草地、河滩砾石地、沙质地，海拔4 500~5 400m。

【分布】安多县、班戈县、双湖县、申扎县、尼玛县。

【拍摄地点】申扎县。

【学名】二花棘豆　*Oxytropis biflora* **P. C. Li**

【科】豆科　**Leguminosae**

【属】棘豆属　***Oxytropis*** **DC.**

【形态特征】多年生草本；高2.5～3cm；茎缩短，丛生；羽状复叶，托叶草质，基部与叶柄贴生，小叶7～13，长圆形，两面密被开展长柔毛；总状花序，密被长柔毛；花萼筒状钟形，花冠白色，龙骨瓣稍短于翼瓣，具喙；荚果幼时为长圆状圆柱形，密被贴伏白色长柔毛；花期6—7月，果期7—8月。

【生境】山坡草甸、高寒草原、沙质草地，海拔4 700～5 000m。

【分布】安多县、班戈县、申扎县、双湖县、色尼区、尼玛县。

【拍摄地点】色尼区。

【学名】黄花棘豆 *Oxytropis ochrocephala* **Bge.**

【科】豆科 **Leguminosae**

【属】棘豆属 ***Oxytropis*** **DC.**

【形态特征】多年生草本；高10～40cm；根粗，圆柱状，淡褐色，侧根少；茎粗壮，直立，基部多分枝，被白色或黄色长柔毛；叶羽状复叶，卵状披针形，托叶草质；总状花序腋生，密生多花，直立，被黄色和白色长柔毛；花冠黄色；荚果革质，长圆形，膨胀，密被黑色、褐色或白色短柔毛。

【生境】林缘草地、沟谷灌丛、高山草甸，海拔3 800～5 200m。

【分布】东部三县、中部四县、班戈县。

【拍摄地点】色尼区。

【学名】小叶棘豆　*Oxytropis microphylla*（Pall.）DC.

【科】豆科　**Leguminosae**

【属】棘豆属　***Oxytropis* DC.**

【形态特征】多年生草本；灰绿色，有恶臭；茎缩短，丛生，基部残存密被白色绵毛的托叶；轮生羽状复叶，稀对生，椭圆形或近圆形，被白色长柔毛，被腺点；花多组成头形总状花序，花后伸长；花冠蓝色或紫红色，龙骨瓣长13～16mm，喙长约2mm；荚果硬革质，线状长圆形，果梗短；花期5—9月，果期7—9月。

【生境】山坡草地、砾石地、沙地、河滩，海拔4 000～5 000m。

【分布】安多县、班戈县、申扎县、色尼区、尼玛县、巴青县、双湖县。

【拍摄地点】色尼区。

【学名】铺地棘豆 *Oxytropis humifusa* **Kar. et Kir**

【科】豆科 **Leguminosae**

【属】棘豆属 ***Oxytropis* DC.**

【形态特征】多年生草本；高2～5cm；根木质，短，分枝多；茎缩短，分枝很多；羽状复叶；小叶11（13）～17（23），卵状披针形、披针形，两面密被贴伏绢状长柔毛；6～10花组成头状伞形总状花序；总花梗直立或铺散，疏被白色短柔毛，龙骨瓣与翼瓣近等长；荚果膜质，长圆状卵形，下垂，被贴伏白色和黑色疏柔毛；种子圆卵形，铁锈色；花期7—8月，果期8—9月。

【生境】阳坡草地、河谷和石质山，海拔4 000～4 800m。

【分布】安多县、班戈县、申扎县、尼玛县、双湖县。

【拍摄地点】安多县。

【学名】胀果棘豆　*Oxytropis stracheyana* **Benth. ex Baker**

【科】豆科　**Leguminosae**

【属】棘豆属　***Oxytropis*** **DC.**

【形态特征】多年生草本；茎缩短，丛生垫伏，密被枯萎叶柄和托叶；羽状复叶长2～3cm，两面密被白色绢状柔毛；3～6花组成伞形总状花序；密被绢状柔毛；苞片卵形，密被绢状柔毛；花萼筒状，密被白色绢状柔毛，萼齿三角形；花冠粉红色、淡蓝色、紫红色；龙骨瓣具喙；子房密被白色绢状长柔毛，具短柄；荚果卵圆形，膨胀，密被白色绢状长柔毛，隔膜窄。

【生境】山坡草地、石灰岩山坡、岩缝中、河滩砾石草地、灌丛下，海拔3 900～5 200m。

【分布】安多县、班戈县、申扎县、双湖县、色尼区、尼玛县。

【拍摄地点】班戈县。

【学名】劲直黄芪　*Astragalus strictus* **R. Grah. ex Benth.**

【科】豆科　**Leguminosae**

【属】黄芪属　***Astragalus* L.**

【形态特征】多年生草本；茎基部分枝，丛生，直立或上升，疏被白色或黑色短柔毛；羽状复叶，托叶卵形披针形，与叶柄分离；小叶对生，长圆形至披针状长圆形，先端尖或钝，基部钝，腹面无毛或被疏毛，背面疏被白色伏毛或半伏毛；总状花序，密集多花而短；花冠紫红色或蓝紫色；荚果矩圆形，密被白色或黑色短柔毛。

【生境】山坡草地、石砾地、田边，海拔3 800 ~ 4 700m。

【分布】色尼区、比如县、索县、巴青县、嘉黎县、尼玛县。

【拍摄地点】尼玛县。

【学名】团垫黄芪　*Astragalus arnoldii* **Hemsl.**

【科】豆科　**Leguminosae**

【属】黄芪属　***Astragalus*** **L.**

【形态特征】多年生垫状草本；高5～10cm；茎短，多数，被灰白色毛；羽状复叶，托叶小；总状花序，2～4花，被白毛；苞片线状披针形，膜质；花萼钟状，密被黑白混生的伏贴毛；花冠蓝紫色，荚果长椭圆形，微弯，半假2室，被白毛。

【生境】山坡草地、草甸、河滩、沙地，海拔4 000～4 800m。

【分布】色尼区、申扎县、安多县、班戈县、双湖县、尼玛县。

【拍摄地点】色尼区。

【学名】小垫黄芪 *Astragalus arnoldii* **Hemsl. Et Pearson**

【科】豆科 **Leguminosae**

【属】黄芪属 ***Astragalus* L.**

【形态特征】多年生垫状草本；植丛高2～10cm，茎缩短，丛生，叶密集成覆瓦状；羽状复叶，小叶9～15枚，边缘疏被毛，下面密被白色柔毛；总状花序腋生；花冠蓝色或紫红色。

【生境】山坡草地、砾石滩、草甸、半固定沙丘、沙质地，海拔4 500～5 300m。

【分布】比如县、巴青县、索县、色尼区、嘉黎县、申扎县、安多县、班戈县、双湖县、尼玛县。

【拍摄地点】尼玛县。

【学名】斜茎黄芪　*Astragalus adsurgens* **Pall.**

【科】豆科　**Leguminosae**

【属】黄芪属　***Astragalus* L.**

【形态特征】多年生草本，高20～40cm；茎多分枝，丛生，直立或斜上，有毛或近无毛；羽状复叶，托叶三角形，基部稍合生或有时分离，小叶长圆形、近椭圆形或狭长圆形，上面疏被伏贴毛，下面较密；总状花序腋生，密生多花，排列密集；苞片狭披针形至三角形，先端尖；花萼管状钟形，被黑褐色或白色毛；花冠近蓝色或红紫色；荚果长圆形，被黑色、褐色或和白色混生毛，假2室。

【生境】向阳山坡、灌丛、林缘、河边湿地、草甸、草原，海拔3 800～4 700m。

【分布】色尼区、比如县、索县、巴青县、嘉黎县、尼玛县。

【拍摄地点】比如县。

【学名】云南黄芪　*Astragalus yunnanensis* **Franch.**

【科】豆科　**Leguminosae**

【属】黄耆属　***Astragalus* Linn.**

【形态特征】多年生草本；主根粗大；茎极短；羽状复叶，卵圆形，先端圆形，基部圆形；总状花序腋生；花萼钟状，萼齿披针形，短于萼筒，有白色长柔毛；花冠橘黄色，荚果卵形。

【生境】高山草甸、灌丛、林缘，海拔3 500～4 100m。

【分布】色尼区、巴青县、比如县、索县、嘉黎县。

【拍摄地点】嘉黎县。

【学名】藏豆　*Stracheya tibetica* Benth.

【科】豆科　**Leguminosae**

【属】藏豆属　***Stracheya* Benth.**

【形态特征】多年生草本；高3～5cm；根纤细，具细长的根茎，茎短缩，不明显，被托叶所包围；叶仰卧，小叶通常11～15，小叶片长卵形或椭圆形，两面被长柔毛，上面的毛常卷曲或有时近无毛；总状花序腋生，等于或短于叶，总花梗和花序轴被柔毛；花一般3～6朵，近伞房状排列；苞片卵状披针形，外被贴伏柔毛；花冠玫瑰紫色或深红色；荚果两侧稍膨胀，被短柔毛；花期7—8月，果期8—9月。

【生境】山坡草地、石灰岩山坡、岩缝中、河滩砾石草地、灌丛下，海拔4 000～4 800m。

【分布】安多县、班戈县、申扎县、尼玛县、双湖县。

【拍摄地点】安多县。

【学名】草地老鹳草 *Geranium pratense* L.

【科】牻牛儿苗科 **Geraniaceae**

【属】老鹳草属 ***Geranium* L.**

【形态特征】多年生草本；根茎粗壮，斜生；茎单一或数个丛生，直立，假二叉状分枝，被柔毛；叶对生，肾圆形，掌状7～9深裂；总花梗腋生或于茎顶集为聚伞花序，每梗具2花，向下弯曲或果期下折；花瓣紫红色，宽倒卵形，先端钝圆，茎部楔形；蒴果被短柔毛和腺毛。

【生境】林下、河滩、灌丛，海拔3 500～4 200m。

【分布】比如县、嘉黎县、索县、巴青县。

【拍摄地点】比如县。

【学名】甘青老鹳草　*Geranium pylzowianum* Maxim.

【科】牻牛儿苗科　**Geraniaceae**

【属】老鹳草属　***Geranium* L.**

【形态特征】多年生草本；具念珠状块根，节部膨大；茎直立，细弱，被倒向伏毛；叶互生，肾圆形，掌状5～7深裂至基部；聚伞花序，具2花或4花，花序梗密被倒向柔毛，下垂；花瓣紫红色，倒卵圆形；蒴果疏被柔毛。

【生境】林下、河滩、灌丛，海拔3 500～4 200m。

【分布】比如县、嘉黎县、索县、巴青县。

【拍摄地点】比如县。

【学名】青藏大戟 *Euphorbia altotibetica* Pauls.

【科】大戟科 **Euphorbiaceae**

【属】大戟属 ***Euphorbia* L.**

【形态特征】多年生草本；茎直立，无毛，自根茎发出，基部疏具鳞片，上部带花部分二歧分枝；叶对生，稠密，边缘具波状齿，花枝叶无柄，卵形或几圆形，营养枝上叶具短柄；总苞片钟状；裂片5枚，长圆形，2裂；花柱粗短，外弯，不开裂，子房无毛；蒴果卵珠形。

【生境】山坡砂砾草地，海拔4 500 ~ 5 100m。

【分布】班戈县、申扎县、尼玛县、双湖县。

【拍摄地点】双湖县。

【学名】大果大戟　*Euphorbia wallichii* **Hook. f.**

【科】大戟科　**Euphorbiaceae**

【属】大戟属　***Euphorbia* L.**

【形态特征】多年生草本；根圆柱状；茎单一或数个丛生，上不多分枝；叶互生，椭圆形、长椭圆形或卵状披针形，全缘；总苞片常5枚，稀3～7枚，卵形或长圆形，无柄；伞幅5条；花序单生于二歧分枝的顶端；总苞阔钟状，外部被褐色短柔毛，边缘4裂，内侧密被白色柔毛；雄花1枚，花柱3枚，分离，柱头2裂，蒴果球状。

【生境】沟边、田野，海拔3 800～4 700m。

【分布】巴青县、比如县、索县、嘉黎县。

【拍摄地点】巴青县。

【学名】甘青大戟 *Euphorbia micractina* Boiss.

【科】大戟科 **Euphorbiaceae**

【属】大戟属 ***Euphorbia* L.**

【形态特征】多年生草本；茎中下部分具不育枝；叶互生，长椭圆形至卵状长椭圆形，先端钝圆，杯状花序组成聚伞花序，总苞片裂片边缘具细齿和睫毛；腺体4，半圆形，淡黄褐色；蒴果球状，果脊上被稀疏的刺状或瘤状突起。

【生境】林缘、草甸、灌丛，海拔3 400～4 500m。

【分布】巴青县、比如县、索县、嘉黎县。

【拍摄地点】嘉黎县。

【学名】锦葵　*Malva sinensis* Cavan.

【科】锦葵科　**Malvaceae**

【属】锦葵属　***Malva* L.**

【形态特征】一年生或多年生草本；高60～90cm；疏被粗毛；叶肾形或圆形，边缘具圆锯齿，两面无毛或仅脉上疏被短糙伏毛；花簇生于叶腋，花梗无毛或被疏粗毛；小苞片3，长圆形，5裂，两面均被星状疏柔毛；花大，花瓣5，匙形，紫红色，先端微缺；果扁球形，分果爿肾形，网状，被柔毛；种子肾形。

【生境】沟谷、林下、村庄周围，海拔3 200～4 000m。

【分布】色尼区、比如县、巴青县、嘉黎县。

【拍摄地点】比如县。

【学名】匍匐水柏枝 ***M. Prostrata* Benth. et Hook. f.**

【科】柽柳科 **Tamaricaceae**

【属】水柏枝属 ***Myricaria* Desv.**

【形态特征】匍匐矮灌木；呈垫状，高2～10cm；老枝灰褐色或暗紫色，平滑，枝上常生不定根；叶在当年生枝上密集，长圆形、狭椭圆形或卵形，先端钝，基部略狭缩，有狭膜质边；总状花序圆球形，侧生于去年生枝上，密集，基部被卵形或长圆形鳞片，鳞片覆瓦状排列；蒴果圆锥形，红紫色，种子长圆形。

【生境】高山河谷砂砾地、湖边沙地、砾石质山坡及冰川雪线下雪水融化后所形成的水沟边，海拔3 200～4 600m。

【分布】色尼区、安多县、双湖县、尼玛县、班戈县、聂荣县。

【拍摄地点】聂荣县。

【学名】三春水柏枝　***Myricaria paniculata* P. Y. Zhang et Y. J. Zhang**

【科】柽柳科　**Tamaricaceae**

【属】水柏枝属　***Myricaria* Desv.**

【形态特征】灌木；老枝深棕色、红褐色或灰褐色，具条纹，当年生枝灰绿色或红褐色；叶披针形、卵状披针形或矩圆形；总状花序二型，春季侧生于老枝上，基部被膜质鳞片，夏秋季顶生于当年生枝上，组成大型圆锥花序，基部无鳞片；花瓣5，淡紫红色，倒卵圆形，先端常内曲；蒴果圆锥形；种子顶端芒柱一半以上被白色柔毛。

【生境】河谷滩地、河床沙地、砾石滩及河边，海拔3 800～4 300m。

【分布】色尼区、比如县、嘉黎县、索县、巴青县。

【拍摄地点】巴青县。

【学名】甘遂 ***Stellera chamaejasme* L.**

【科】瑞香科 **Thymelaeaceae**

【属】狼毒属 ***Stellera* L.**

【形态特征】多年生草本；根茎粗大，肉质，圆柱状；茎丛生，不分枝，草质；叶互生，披针形或椭圆状披针形，全缘；头状花序顶生，具绿色叶状苞片；花黄、白色或下部带紫色，芳香；雄蕊10，2轮；果圆锥状，顶端有灰白色柔毛，为萼筒基部包被；果皮淡紫色，膜质。

【生境】河滩、高山草甸、草原、林下，海拔3 600 ~ 4 700m。

【分布】那曲各地。

【拍摄地点】班戈县。

【学名】西藏沙棘　*Hippophae thibetana* **Schlechtend.**

【科】胡颓子科　**Elaeagnacene**

【属】沙棘属　***Hippophae* L.**

【形态特征】矮小灌木；叶腋通常无棘刺，单叶，三叶轮生或对生，线形或矩圆状线形，两端钝形，边缘全缘不反卷，腹面幼时疏生白色鳞片，成熟后脱落，背面灰白色，密被银白色和散生少数褐色细小鳞片；雌雄异株；雄花黄绿色；果实黄褐色，多汁，阔椭圆形或近圆形，顶端具放射状黑色条纹。

【生境】高山草甸、灌丛、河谷、河流两岸，海拔3 500~5 100m。

【分布】那曲各地。

【拍摄地点】双湖县。

【学名】柳兰　*Chamaenerion angustifolium*（L.）Scop

【科】柳叶菜科　**Onagraceae**

【属】柳兰属　***Chamaenerion* Seguier**

【形态特征】多年生粗壮草本；有时近基部木质化；茎直立，中上部多分枝，圆柱状，无毛；叶螺旋状互生，茎生叶披针状椭圆形至狭倒卵形或椭圆形，稀狭披针形，两面被长柔毛；总状花序直立；苞片叶状；花直立，花蕾卵状长圆形，萼片长圆状线形；花瓣常玫瑰红色，或粉红、紫红色，宽倒心形；蒴果圆柱形。

【生境】河谷、溪流河床沙地或石砾地、灌丛、荒坡，海拔3 800～4 100m。

【分布】色尼区、嘉黎县、比如县、巴青县、索县。

【拍摄地点】嘉黎县。

【学名】喜山柳叶菜　*Epilobium royleanum* **Haussk.**

【科】柳叶菜科　**Onagraceae**

【属】柳叶菜属　***Epilobium* L.**

【形态特征】多年生草本；茎凸起棱状，4条，2条具曲柔毛；叶长椭圆形至披针形，对生，叶边缘有疣状齿凸；近伞房花序；萼片4，狭卵形至披针形；花瓣4，紫红色；雄蕊8，2轮；柱头头状；蒴果圆柱形，被腺毛。

【生境】河谷、溪流河床、林下、林缘，海拔3 400～4 100m。

【分布】嘉黎县、比如县。

【拍摄地点】嘉黎县。

【学名】沼生柳叶菜 ***Epilobium Paluster*** **L.**

【科】柳叶菜科 **Onagraceae**

【属】柳叶菜属 ***Epilobium*** **L.**

【形态特征】多年生草本，茎圆柱形，被曲柔毛，无毛棱线；叶对生，近线形或窄披针形，先端锐尖或渐尖，全缘或具疏浅齿；近伞房花序，密被曲柔毛；萼片长圆状披针形；花瓣白、粉红或玫瑰紫色，倒心形，先端凹缺；蒴果长3～9cm，被曲柔毛。

【生境】河谷、溪流河床、高山灌丛、林缘，海拔3 400～3 800m。

【分布】嘉黎县、比如县。

【拍摄地点】嘉黎县。

【学名】杉叶藻　*Hippuris vulgaris* L.

【科】杉叶藻科　**Hippuridaceae**

【属】杉叶藻属　***Hippuris* L.**

【形态特征】多年生水生草本；全株无毛；茎直立，圆柱形，多节并生不定根，常带紫红色，挺出水面；叶6～12轮生，线形，全缘，具单脉；花单生叶腋，无柄，两性，稀单性；核果窄长圆形，光滑，淡紫色，顶端近平截，具宿存雄蕊及花柱。

【生境】沼泽草甸、湖边、河边，海拔3 600～4 600m。

【分布】色尼区、聂荣县、安多县、比如县、巴青县、索县、申扎县、班戈县、尼玛县。

【拍摄地点】申扎县。

【学名】丽江棱子芹　*Pleurospermum foetens* **Frcach**

【科】伞形科　**Hmbelliferae**

【属】棱子芹属　***Pleurospermum* Hoffm.**

【形态特征】多年生草本；有特殊气味；根颈部残存褐色叶鞘，缩短，有条棱；基生叶或茎下部叶有长柄，叶柄基部扩展成膜质鞘状，叶片三回羽状分裂，末回裂片线形或披针形，基部楔形或下延；花顶生复伞形花序较大；总苞片6～8枚，基部有宽的膜质边缘，顶端有明显的叶状分裂；花瓣白色或粉红色，基部明显有爪；果实卵圆形，暗褐色。

【生境】山坡林下、林缘、山沟溪边，海拔3 600～4 000m。

【分布】比如县、嘉黎县、索县。

【拍摄地点】嘉黎县。

【学名】垫状棱子芹　*Pleurospermum hedinii* **Diels.**

【科】伞形科　**Hmbelliferae**

【属】棱子芹属　***Pleurospermum* Hoffm.**

【形态特征】多年生莲座状草本；高4 ~ 5cm；根粗壮，圆锥状，直伸；茎粗短，肉质，基部被栗褐色残鞘；叶近肉质，叶片轮廓狭长椭圆形，2回羽状分裂，叶柄扁平；茎生叶与基生叶同形，较小；复伞形花序顶生；总苞片多数，叶状；小总苞片8 ~ 12，倒卵形或倒披针形，顶端常叶状分裂，基部宽楔形，有宽的白色膜质边缘；花多数，花柄肉质；萼齿近三角形；花瓣淡红色至白色，近圆形；花药黑紫色；果实卵形至宽卵形，淡紫色或白色。

【生境】沙地、灌丛、草甸、草地，海拔4 500 ~ 5 000m。

【分布】安多县、色尼区、班戈县、尼玛县、申扎县。

【拍摄地点】安多县。

【学名】矮棱子芹 ***Pleeurospermumnanum nanum*** **Franch.**

【科】伞形科 **Hmbelliferae**

【属】棱子芹属 ***Pleurospermum*** **Hoffm.**

【形态特征】多年生小草本；根圆锥状，下部分枝；茎短缩，有时伸长达5～10cm，细弱，有条纹；基生叶有长柄，叶片轮廓三角状披针形；花瓣白色或稍带淡紫红色，倒卵圆形，顶端钝尖，直立或稍内弯；果实有小瘤。

【生境】沙地、灌丛、草甸、草地，海拔3 800～4 700m。

【分布】安多县、色尼区、班戈县、尼玛县。

【拍摄地点】安多县。

【学名】田葛缕子　*Carum buriaticum* Turcz.

【科】伞形科　**Hmbelliferae**

【属】葛缕子属　***Carum* L.**

【形态特征】多年生草本；全株无毛；根圆柱形，肉质；茎直立，基下部多分枝；基生叶与茎下部叶具长柄，具长三角状叶鞘，叶二至三回羽裂；复伞形花序，具小总苞片8～12，线形或线状披针形；花瓣白色；果长卵形，棱槽棕色，果棱棕黄色。

【生境】田边、撂荒地、山地沟谷，海拔3 200～3 800m。

【分布】比如县、嘉黎县、索县、巴青县。

【拍摄地点】嘉黎县。

【学名】短毛独活　*Heracleum hemsleyanum* **Hance**

【科】伞形科　**Hmbelliferae**

【属】独活属　***Heracleum* L.**

【形态特征】多年生草本；根圆锥形、粗大，多分歧，灰棕色；茎直立，具棱槽，上部分枝；叶有柄，广卵形，薄膜质，三出式分裂，裂片边缘具粗大的锯齿；茎上部叶有显著宽展的叶鞘；复伞形花序顶生和侧生；花瓣白色，二型；果宽椭圆形或倒卵形，淡棕黄色。

【生境】山坡林下、林缘、山沟溪边，海拔3 600 ~ 4 700m。

【分布】比如县、嘉黎县、索县。

【拍摄地点】嘉黎县。

【学名】雪层杜鹃　*Rhododendron nivale* **Hook. f.**

【科】杜鹃花科　**Ericaceae**

【属】杜鹃花属　***Rhododendron*** **L.**

【形态特征】常绿小灌木；分枝多而稠密，常平卧成垫状，高30～60cm；幼枝褐色，密被黑锈色鳞片；叶簇生于小枝顶端或散生，革质，椭圆形，卵形或近圆形，上面暗灰绿色，被灰白色或金黄色的鳞片，下面绿黄色至淡黄褐色，被淡金黄色和深褐色两色鳞片，相混生、邻接或稍不邻接，淡色鳞片常较多，叶柄短，被鳞片；花序顶生，有1～2（3）朵，裂片长圆形或带状，边缘被鳞片；花冠宽漏斗状，粉红，丁香紫至鲜紫色。

【生境】高山灌丛、冰川谷地、草甸，海拔3 900～4 800m。

【分布】巴青县、嘉黎县、比如县、索县。

【拍摄地点】嘉黎县。

【学名】海乳草 *Glaux maritima* **L.**

【科】报春花科 **Primulaceae**

【属】海乳草属 ***Glaux* L.**

【形态特征】茎直立或下部匍匐，节间短，通常有分枝；叶肉质，线形、线状长圆形或近匙形，全缘；蒴果卵状球形，先端稍尖，略呈喙状；花期6月；果期7—8月。

【生境】河滩沼泽、草甸、盐碱地、沟边，海拔3 600 ~ 4 800m。

【分布】那曲各地均有分布。

【拍摄地点】申扎县。

【学名】垫状点地梅　*Androsace tapete* Maxim.

【科】报春花科　**Primulaceae**

【属】点地梅属　***Androsace* L.**

【形态特征】多年生垫状草本；株形为半球形的坚实垫状体，由多数根出短枝紧密排列而成；根出短枝为鳞覆的枯叶覆盖，呈棒状；当年生莲座状叶丛叠生于老叶丛上，外层叶卵状披针形或卵状三角形；内层叶线形或狭倒披针形；花单生包藏于叶丛中；花冠粉红色或白色。

【生境】砾石山坡、河谷阶地和草地，海拔3 600～5 400m。

【分布】那曲各地均有分布。

【拍摄地点】聂荣县。

【学名】柔小粉报春　*Primula pumilio* **Maxim.**

【科】报春花科　**Primulaceae**

【属】报春花属　***Primula* L.**

【形态特征】多年生小草本，株高仅1～3cm；叶丛稍紧密，基部外围有褐色枯叶柄；叶片椭圆形、倒卵状椭圆形至近菱形，边缘全缘；开花期花葶深藏于叶丛中，果期伸长；花通常1～6朵组成顶生伞形花序；苞片卵状椭圆形或椭圆状披针形；花萼筒状，具5棱，分裂深达全长的1/3或近达中部，裂片狭三角形，背面多少被小腺体；花冠淡红色，冠筒口周围黄色；花期5—6月。

【生境】湿地、草甸、沼泽、山坡，海拔3 600～4 800m。

【分布】色尼区、比如县、巴青县、索县、嘉黎县、安多县、聂荣县、班戈县、申扎县、双湖县。

【拍摄地点】班戈县。

【学名】锡金报春　*Primula sikkimensis* Hook. f.

【科】报春花科　**Primulaceae**

【属】报春花属　***Primula* L.**

【形态特征】多年生草本；具粗短的根状茎和多数纤维状须根；叶片椭圆形至矩圆形或倒披针形，先端圆形或有时稍锐尖，基部通常渐狭窄，很少钝形以至近圆形，边缘具锐尖或稍钝的锯齿或牙齿，上面深绿色，鲜时有光泽，下面淡绿色，被稀疏小腺体；花葶稍粗壮，顶端被黄粉，伞形花序；蒴果长圆体状，约与宿存花萼等长；花期6月，果期9—10月。

【生境】林缘湿地、沼泽草甸、水沟边，海拔3 100 ~ 4 800m。

【分布】色尼区、比如县、巴青县、索县、嘉黎县、安多县、聂荣县。

【拍摄地点】嘉黎县。

【学名】束花粉报春　*Primula fasciculata* **Balf. F. et Ward**

【科】报春花科　**Primulaceae**

【属】报春花属　***Primula* L.**

【形态特征】多年生小草本；常多数聚生成丛；根状茎粗短，具多数须根；叶丛基部外围有褐色膜质枯叶柄；叶片矩圆形、椭圆形或近圆形，全缘；叶柄纤细，具狭翅；花1～6朵生于花葶端；花萼筒状；花冠淡黄色或粉白色，冠筒口周围黄色；蒴果筒状；花期6月，果期7—8月。

【生境】山坡、草甸，海拔4 300～4 900m。

【分布】安多县、色尼区、班戈县、申扎县、双湖县。

【拍摄地点】班戈县。

【学名】鸡娃草　*Plumbagella micrantha*（Lebeb.）Spach

【科】白花丹科　**Plumbaginaceae**

【属】鸡娃草属　***Plumbagella* Spach**

【形态特征】一年生草本，全株带红色；茎具棱，棱上具细小皮刺；叶卵状披针形至矩圆状披针形，无柄，顶端渐尖，基部耳形抱茎，全缘或稀具细锯齿；3～5花簇生为小聚伞花序；花序轴具细柔毛；苞片膜质；花萼筒具5棱，棱上生鸡冠状突起，萼裂片有具柄腺体；花冠浅蓝紫色，花柱单一；蒴果浅黑褐色，环裂。

【生境】谷地、荒地，海拔3 200～4 100m。

【分布】色尼区、比如县、巴青县、索县、嘉黎县。

【拍摄地点】色尼区。

【学名】毛蓝雪花　*Ceratostigma griffithii* **C. B. Clarke**

【科】白花丹科　**Plumbaginaceae**

【属】蓝雪花属　***Ceratostigma*** **Bunge**

【形态特征】常绿灌木；新枝通常密被锈色长硬毛；叶片匙形至近菱形，两面密被分布均匀而通常多少开展的长硬毛，有明显的钙质颗粒，叶柄基部不形成抱茎的短鞘；花序顶生和腋生；苞片长圆状披针形，先端渐尖或常渐尖成一短细尖；萼片被长硬毛；花冠筒部紫红色，花冠裂片蓝色，心状倒三角形；蒴果，淡黄褐色或白黄色。

【生境】谷地、荒地，海拔3 200～4 100m。

【分布】色尼区、比如县、巴青县、索县、嘉黎县。

【拍摄地点】色尼区。

【学名】粗茎秦艽　*Gentiana crassicaulis* **Duthie ex Burk**

【科】龙胆科　**Gentianaceae**

【属】龙胆属　***Gentiana*（Tourn.）L.**

【形态特征】多年生草本；全株光滑无毛；枝少数丛生；茎单一，黄绿色或带紫红色，近圆形；莲座丛叶卵状椭圆形或窄椭圆形，叶柄宽，包被于枯存的纤维状叶鞘中，茎生叶卵状椭圆形，至卵状披针形，先端钝至急尖；花多数，无花梗，在茎顶簇生呈头状，稀腋生作轮状；华冠筒部黄白色，冠檐蓝紫色或深蓝色，内部有斑点，壶形，裂片卵状三角形；蒴果内藏或顶端外露，卵状椭圆形。

【生境】高山草甸、灌丛、林下，海拔3 600～4 700m。

【分布】比如县、巴青县、索县、嘉黎县、聂荣县。

【拍摄地点】聂荣县。

【学名】假水生龙胆　*Gentiana pseudoaquatica* **Kusnez.**

【科】龙胆科　**Gentianaceae**

【属】龙胆属　***Gentiana* L.**

【形态特征】一年生矮小草本；高2～5cm；茎近四棱形，不分枝，被微短腺毛；叶先端外反，边缘软骨质，被乳突，基生叶卵圆形或圆形，茎生叶倒卵形或匙形，对生叶基部合成筒，抱茎；花单生枝顶；花萼筒状漏斗形，萼筒绿色；花冠深蓝色，具黄绿色宽条纹，漏斗形，长褶卵形。

【生境】山地灌丛、草甸、沟谷，海拔3 500～4 300m。

【分布】色尼区、比如县、嘉黎县、索县、巴青县。

【拍摄地点】巴青县。

【学名】线叶龙胆　*Gentiana farreri* **Balf. f.**

【科】龙胆科　**Gentianaceae**

【属】龙胆属　***Gentiana*（Tourn.）L.**

【形态特征】多年生草本；高5～10cm；茎丛生，铺散，斜升；莲座丛叶极不发达，披针形，叶先端急尖，边缘平滑或粗糙，茎生叶多对，愈向茎上部叶愈密、愈长，下部叶狭矩圆形，中、上部叶线形，稀线状披针形；花单生于顶；萼筒紫色或黄绿色，筒形；花冠上部亮蓝色，下部黄绿色，具蓝色条纹，无斑点，倒锥状筒形，边缘啮蚀形；蒴果内藏，椭圆形。

【生境】高山草甸、灌丛，海拔3 600～4 800m。

【分布】安多县、色尼区、巴青县、索县、聂荣县、嘉黎县、比如县。

【拍摄地点】色尼区。

【学名】圆齿褶龙胆 *Gentiana crenulatotruncata*（**Marq.**）**T. N. Ho**

【科】龙胆科 **Gentianaceae**

【属】龙胆属 ***Gentiana***（**Tourn.**）**L.**

【形态特征】一年生矮小草本；高2～3cm；茎生叶2～3对，贴生茎上，覆瓦状排列；花单生枝顶；花萼筒状，萼片直立，中脉具膜质狭翅，延伸到筒部；花冠深蓝或蓝紫色，裂片卵形，褶卵形，啮蚀状或稍2裂；蒴果窄长圆形，边缘无翅。

【生境】高山草甸、高山流石滩，海拔4 100～5 200m。

【分布】安多县、申扎县、班戈县、尼玛县。

【拍摄地点】尼玛县。

【学名】云雾龙胆　*Gentiana nubigena* Edgew

【科】龙胆科　**Gentianaceae**

【属】龙胆属　***Gentiana*（Tourn.）L.**

【形态特征】多年生草本；高5～10cm；枝2～5个丛生；叶大部分基生，常对折，线状披针形，叶柄膜质；花1～3，顶生；花冠上部蓝色，下部黄白色，具深蓝色的细长的或短的条纹，漏斗形或狭倒锥形，裂片卵形，边缘具不整齐波状齿或啮蚀状；蒴果内藏，种子黄褐色；花果期7—9月。

【生境】沼泽草甸、高山灌丛草原、高山草甸、高山流石滩，海拔3 900～5 300m。

【分布】色尼区、安多县、比如县、班戈县。

【拍摄地点】安多县。

【学名】鳞叶龙胆　*Gentiana squarrosa* Ledeb.

【科】龙胆科　**Gentianaceae**

【属】龙胆属　***Gentiana*（Tourn.）L.**

【形态特征】一年生矮小草本；枝铺散，斜升；叶缘厚软骨质，密被乳突，叶柄白色膜质，边缘被短睫毛；基生叶卵形、宽卵形或卵状椭圆形；茎生叶倒卵状匙形或匙形；花单生枝顶；花萼倒锥状筒形，被细乳突，卵圆形或卵形，边缘软骨质，密被细乳突；花冠白色，筒状漏斗形；种子具亮白色细网纹。

【生境】山坡、山谷、河滩、荒地，海拔3 600～4 200m。

【分布】比如县、巴青县、索县、嘉黎县、聂荣县。

【拍摄地点】聂荣县。

【学名】湿生扁蕾　***Gentianopsis paludosa*** **(Hook. f.) Ma**

【科】龙胆科　**Gentianaceae**

【属】扁蕾属　***Gentianopsis* Ma.**

【形态特征】一年或二年生草本；茎单生，直立或斜升，在基部分枝或不分枝；基生叶3～5对，匙形，边缘具乳突；花单生茎及分枝顶端；花梗直立，果期略伸长；花萼筒形，长为花冠之半，外对狭三角形，内对卵形；花冠蓝色，或下部黄白色；蒴果具长柄，椭圆形，与花冠等长或超出。

【生境】山坡草地、灌丛、林下、水边湿地，海拔3 600～4 500m。

【分布】色尼区、比如县、巴青县、索县、嘉黎县。

【拍摄地点】色尼区。

【学名】椭圆叶花锚 *Halenia elliptica* D. Don

【科】龙胆科 **Gentianaceae**

【属】花锚属 ***Halenia* Borkh.**

【形态特征】一年或两年生草本；茎直立、四棱形；基生叶椭圆形，先端圆或钝尖，茎生叶对生，卵形至卵状披针形，先端钝圆或尖；聚伞花序顶生及腋生；花萼裂片椭圆形或卵形，先端渐尖；花冠蓝或紫色，冠筒裂片卵圆形；蒴果宽卵圆形。

【生境】灌丛、林下、河滩，海拔3 200～4 100m。

【分布】嘉黎县、比如县。

【拍摄地点】嘉黎县。

【学名】镰萼喉毛花 *Comastoma falcatum*（Turcz.）Toyokuni

【科】龙胆科 **Gentianaceae**

【属】喉毛花属 ***Comastoma***（**Wettsh**）**Toyokuni**

【形态特征】一年生草本；茎基部分枝，分枝斜升；叶大部基生，长圆状匙形或长圆形；茎生叶长圆形，无柄，稀卵形或长圆状卵形；花5数，单生枝顶；花萼绿色或带蓝紫色，长为花冠1/2，稀达2/3，裂片常卵状披针形，镰状，边缘近皱波状，基部具浅囊；花冠蓝、深蓝或蓝紫色，具深色脉纹，高脚杯状，冠筒筒状，喉部骤膨大，裂至中部，裂片长圆形或长圆状匙形；蒴果窄椭圆形或披针形。

【生境】山地灌丛、草甸、高山流石滩，海拔3 200～4 800m。

【分布】安多县、双湖县、色尼区、比如县。

【拍摄地点】双湖县。

【学名】铺散肋柱花 *Lomatogonium thomsonii*（C. B. clarke）Fernald

【科】龙胆科 **Gentianaceae**

【属】肋柱花属 ***Lomatogonium* A. Br**

【形态特征】一年生草本；高5 ~ 15cm；茎从基部有多数分枝，铺散，枝细瘦，常紫红色；基生叶狭长圆状钥匙形或椭圆形，茎生叶无柄，椭圆形或椭圆状披针形；花单生枝顶，花萼长为花冠的一半；花冠淡蓝色，先端钝，基部具2个有裂片状流苏的腺状；无花柱，柱头沿子房的缝合线下延。

【生境】河滩、高山草甸、沼泽草甸、沙化草地，海拔4 100 ~ 5 200m。

【分布】安多县、色尼区、聂荣县、双湖县。

【拍摄地点】双湖县。

【学名】毛萼獐牙菜 ***Swertia hispidicalyx*** **Burk.**

【科】龙胆科 **Gentianaceae**

【属】獐牙菜属 ***Swertia*** **L.**

【形态特征】一年生草本；高5～25cm；茎自基部多分枝，铺散，斜升，四棱形，常带紫色；基生叶在花期枯存，茎生叶无柄，披针形至窄椭圆形，边缘有时外卷；花基数5；花萼绿色，略短于花冠，裂片卵形至卵状披针形；花冠淡紫色，裂片卵形，基部具2个腺窝；花柱细长，柱头2裂，裂片线形；蒴果无柄，卵形。

【生境】高山草地、灌丛、碎石坡、洪积扇、河滩，海拔3 700～5 100m。

【分布】安多县、双湖县、班戈县、尼玛县、申扎县。

【拍摄地点】班戈县。

【学名】四数獐牙菜 *Swertia tetraptera* Maxim.

【科】龙胆科 **Gentianaceae**

【属】獐牙菜属 ***Swertia* L.**

【形态特征】一年生草本；高5～25cm；茎直立，四棱形，棱具窄翅，基部多分枝；叶对生，茎中上部叶卵状披针形，先端尖，基部近圆，半抱茎；圆锥状复聚伞花序或聚伞花序具多花，花4数，主茎上部的花和基部及分枝的花两型，大型花花萼绿色，裂片披针形或卵状披针形；花冠黄绿色，裂片卵形，先端啮蚀状；花柱明显；蒴果宽卵圆形或近圆形，种子较小。

【生境】灌丛、林下、河滩，海拔3 400～4 200m。

【分布】嘉黎县、比如县。

【拍摄地点】嘉黎县。

【学名】竹灵消　*Cynanchum inamoe*（**Maxim.**）**Loes**

【科】萝藦科　**Asclepiadaceae**

【属】鹅绒藤属　***Cynanchum* L.**

【形态特征】直立草本；基部分枝较多；根须状；茎被单列毛；叶广卵形，顶端急尖，基部近心形，叶缘及脉上被微毛；聚伞花序伞形状；花黄色，花冠辐状，无毛，裂片长圆形，副花冠厚肉质，裂片三角形，短急尖；蓇葖果狭披针形。

【生境】灌木丛中，海拔3 350 ~ 4 700m。

【分布】比如县、巴青县、嘉黎县、色尼区。

【拍摄地点】嘉黎县。

【学名】银灰旋花 *Convolvulus ammannii* **Desr.**

【科】旋花科 **Convolvulaceae**

【属】旋花属 ***Convolvulus* L.**

【形态特征】多年生草本；高2～15cm；茎直立，丛生，密被银灰色绢毛；叶线形或线状披针形，两端渐狭，两面密被银灰色绢毛；花单生叶腋；花梗中部具1对线形苞片；萼片不等大，先端渐尖；花冠漏斗形，白色，具紫红色条纹；蒴果球形，先端被短毛。

【生境】干旱山坡、荒滩，海拔3 200～4 000m。

【分布】色尼区、比如县、尼玛县、巴青县、索县。

【拍摄地点】比如县。

【学名】毛果草　*Lasiocaryum munroi*（C. B. Clarke）Johnst.

【科】紫草科　**Bignoniaceae**

【属】毛果草属　***Lasiocaryum* Johnst**

【形态特征】一年或二年生草本；全株被毛；叶互生，全缘；花萼5裂至基部；花冠蓝色，花冠筒与萼几等长，檐部裂片圆形至倒卵形，先端钝，喉部有附属物；雄蕊着生于花筒的中部，内藏；小坚果狭卵形，有横皱纹和短糙伏毛，着生面狭长，在腹面中下部。

【生境】湖边沙滩、山坡流砂，海拔4 000～4 700m。

【分布】安多县、双湖县、尼玛县。

【拍摄地点】安多县。

【学名】微孔草 *Microula sikkimensis*（C. B. clarke）Hemsl.

【科】紫草科 **Bignoniaceae**

【属】微孔草属 ***Microula*** **Benth.**

【形态特征】多年生草本；高5～40cm，直立或渐升，自基部起分枝，被糙伏毛和开展刚毛；叶卵形、狭卵形至宽披针形，基部圆形或宽楔形，中部以上渐尖；花序密集，花梗短，密被短糙伏毛；花冠蓝色或蓝紫色，附属物低梯形；小坚果卵形，有小瘤状突起和短毛。

【生境】高寒草甸、林地、灌丛，海拔3 200～4 700m。

【分布】安多县、班戈县、色尼区、比如县、索县、嘉黎县、巴青县。

【拍摄地点】比如县。

【学名】西藏微孔草　*Microula tibetica* Benth.

【科】紫草科　**Bignoniaceae**

【属】微孔草属　***Microula* Benth.**

【形态特征】二年生草本；茎缩短，基部多分枝，枝端生花序，疏被短糙毛或近无毛；叶密集，平铺地面，匙形，全缘或有波状小齿，被具基盘的短刚毛；花冠蓝色或白色，无毛，附属物低梯形；小坚果卵形或近菱形，有小瘤状突起，突起顶端有锚状刺毛，无背孔。

【生境】湖边沙滩、山坡流砂或高原草地，海拔3 200 ~ 4 700m。

【分布】安多县、班戈县、色尼区、比如县、申扎县、尼玛县、索县、嘉黎县、巴青县。

【拍摄地点】嘉黎县。

【学名】长花滇紫草　*Onosma hookeri* var. *longiflorum* **Duthie ex Stapf**

【科】紫草科　**Boraginaceae**

【属】滇紫草属　***Onosma* L.**

【形态特征】多年生草本；高10～30cm，被毛；茎单一或丛生，不分枝，被硬毛及伏毛，基生叶倒披针形，茎生叶条形至狭披针形；聚伞花序顶生，密生多花；苞片狭披针形；花萼裂片钻形；花冠紫色或红紫色。

【生境】山坡砾石地、砂地草丛、阳坡灌丛草地，海拔3 800～4 700m。

【分布】尼玛县。

【拍摄地点】尼玛县。

【学名】白苞筋骨草　*Ajuga lupulina* **Maxim.**

【科】唇形科　**Labiatae**

【属】筋骨草属　***Ajuga* L.**

【形态特征】多年生草本；茎粗壮，直立，四棱形，沿棱被白色有节长柔毛；叶片披针状长圆形，先端钝或稍圆，基部楔形，近全缘；穗状聚伞花序多花，组成穗状，苞叶白黄、白或绿紫色，卵形或阔卵形，先端渐尖，基部圆形，抱轴，全缘；小坚果倒卵状，背部有突起脉纹。

【生境】山谷草地、山坡草地、草甸，海拔3 800～4 700m。

【分布】那曲中部、东部。

【拍摄地点】巴青县。

【学名】密花香薷 *Elsholtzia densa* **Benth.**

【科】唇形科 **Labiatae**

【属】香薷属 ***Elsholtzia*** **Willd**

【形态特征】一年生草本；高10～50cm，密生须根；茎直立，自基部多分枝，茎及枝均四棱形，具槽，被短柔毛；叶长圆状披针形至椭圆形，草质，上面绿色下面较淡，两面被短柔毛，叶柄长0.3～1.3cm，背腹扁平，被短柔毛；穗状花序长圆形或近圆形，密被紫色串珠状长柔毛，由密集的轮伞花序组成；花萼钟状，萼齿近三角形；花冠小，淡紫色；小坚果卵珠形；花、果期7—10月。

【生境】林缘、高山草甸、河边及山坡荒地，海拔3 900～4 500m。

【分布】色尼区、比如县、巴青县、索县、嘉黎县。

【拍摄地点】巴青县。

【学名】毛穗香薷　*Elsholtzia eriostachya* Benth.

【科】唇形科　**Labiatae**

【属】香薷属　***Elsholtzia*** **Willd**

【形态特征】一年生草本；密生须根；茎直立，自基部多分枝，茎及枝均四棱形，具槽，被短柔毛；叶长圆形至卵状长圆形，边缘锯齿或锯齿状圆齿，两面被小长柔毛，叶柄腹平背凸，密被小长柔毛；穗状花序圆柱状；最下部苞叶与叶近同形，上部苞叶呈苞片状，宽卵圆形，先端具小突尖，外被疏柔毛，边缘具缘毛；花冠黄色，冠檐二唇形；雄蕊4枚，内藏，花丝无毛；花柱内藏；小坚果卵珠形；花、果期7—10月。

【生境】林缘、高山草甸、河边及山坡荒地，海拔3 900～4 500m。

【分布】色尼区、比如县、巴青县、索县、嘉黎县。

【拍摄地点】巴青县。

【学名】鸡骨柴　*Elsholtzia fruticosa*（**D. Don**）**Rehd.**

【科】唇形科　**Labiatae**

【属】香薷属　***Elsholtzia* Willd**

【形态特征】直立灌木；多分枝；茎、枝钝四棱形，具浅槽，黄褐色或紫褐色，老时皮层剥落，变无毛，幼时被白色蜷曲疏柔毛；叶披针形或椭圆状披针形，先端渐尖，基部狭楔形，边缘具锯齿；穗状花序圆柱状，常偏向一侧；花萼钟形，外面被灰色短柔毛；花冠白色至淡黄色，外面被蜷曲柔毛；小坚果长圆形，腹面具棱，顶端钝，褐色，无毛。

【生境】灌丛、河滩、林下、山谷，海拔3 800～4 500m。

【分布】色尼区、比如县、巴青县、索县、嘉黎县。

【拍摄地点】比如县。

【学名】甘西鼠尾草　*Salvia przewalskii* **Maxim.**

【科】唇形科　**Labiatae**

【属】鼠尾草属　***Salvia* L.**

【形态特征】多年生草本；茎直立，自基部多分枝，丛生，外皮红褐色，密被短柔毛；叶对生，基生叶具长柄，叶片三角状或椭圆状戟形；轮伞花序2～4花，疏离，组成总状花序；苞片卵圆形或椭圆形，先端锐尖，基部楔形，全缘；花萼钟形，外被具腺长毛，二唇形；花蓝紫色或紫色，二唇形，上唇全缘，下唇3裂；小坚果倒卵圆形，灰褐色，无毛。

【生境】灌丛、河滩、林下、山谷，海拔2 800～4 100m。

【分布】比如县、巴青县、索县、嘉黎县。

【拍摄地点】嘉黎县。

【学名】栗色鼠尾草　*Salvia castanea* **Diels..**

【科】唇形科　**Labiatae**

【属】鼠尾草属　***Salvia* L.**

【形态特征】多年生草本；茎单一或自根茎生出，不分枝；叶片椭圆状披针形或长圆状卵圆形，上面被微柔毛，下面被疏短柔毛或近无毛；轮伞花序2～4朵，疏离；苞片卵圆形，全缘；花萼钟形，外密被具腺长柔毛及黄褐色腺点，二唇形；花冠紫褐色、栗色或深紫色，外被疏柔毛；花柱与花冠上唇等长，先端不等2浅裂；小坚果，倒卵圆形，先端圆形，无毛。

【生境】林缘草地，海拔2 800～4 100m。

【分布】比如县、巴青县、索县、嘉黎县。

【拍摄地点】嘉黎县。

【学名】粘毛鼠尾草　*Salvia roborowskii* **Maxim.**

【科】唇形科　**Labiatae**

【属】鼠尾草属　***Salvia* L.**

【形态特征】一年生或二年生草本；密生须根；茎直立，多分枝，四棱形，密被粘腺状短柔毛；叶对生，长圆状披针形至椭圆形先端钝或急尖，边缘具园齿；穗状花序；花萼钟状，绿色；花冠黄色，二唇形，上唇全缘，下唇三裂；小坚果卵珠形。

【生境】林缘、山谷、林中空地、田边，海拔3 900～4 500m。

【分布】色尼区、比如县、巴青县、索县、嘉黎县。

【拍摄地点】索县。

【学名】鼬瓣花　*Galeopsis bifida* **Boenn.**

【科】唇形科　**Labiatae**

【属】鼬瓣花属　***Galeopsis* L.**

【形态特征】一年生草本；茎直立，四棱形，多少分枝，被倒向有节刚毛和短柔毛；叶对生，卵圆状披针形或披针形，先端锐尖或渐尖，基部渐狭至宽楔形，边缘有锯齿，上面贴生具节刚毛，下面疏生微柔毛；轮伞花序多花密集；花冠白、黄或粉紫红色，被短刚毛；小坚果倒卵状三棱形，褐色，有秕鳞。

【生境】田边、荒地，海拔3 400～4 100m。

【分布】巴青县、比如县、索县、嘉黎县。

【拍摄地点】嘉黎县。

【学名】甘青青兰　*Dracocephalum tanguticum* **Maxim.**

【科】唇形科　**Labiatae**

【属】青兰属　***Dracocephalum* L.**

【形态特征】多年生草本；茎丛生，多分枝，四棱形，直立；叶对生，羽状全裂，边缘内卷；轮伞花序于枝上部，具1 ~ 6朵花，形成间断穗状花序；花萼管状，常带紫色；花冠唇形，紫蓝色或暗紫色，外面被短毛，二唇形，上唇稍弯，下唇较长；小坚果长圆形。

【生境】高山草甸、灌丛、河滩、流石滩，海拔3 600 ~ 4 500m。

【分布】比如县、巴青县、索县、嘉黎县。

【拍摄地点】巴青县。

【学名】白花枝子 *Dracocephalum heterophyllum* Benth.

【科】唇形科 **Labiatae**

【属】青兰属 ***Dracocephalum* L.**

【形态特征】多年生草本；茎多数，四棱形，斜升或平卧地面，丛生，密被倒向微柔毛；叶卵形，基部浅心形，边缘具浅圆齿；轮伞花序密集成穗状；苞片边缘具刺齿；花萼二唇形；花冠白色或淡黄色，外面密被短柔毛。

【生境】高山草地、河滩沙地，海拔3 900～5 000m。

【分布】色尼区、安多县、双湖县、比如县、巴青县、索县、嘉黎县。

【拍摄地点】安多县。

【学名】蓝花荆芥　*Nepeta coerulescens* **Maxim.**

【科】唇形科　**Labiatae**

【属】荆芥属　***Nepeta* L.**

【形态特征】多年生草本；根纤细而长；茎高25～42cm，不分枝或多茎，被短柔毛；叶披针状长圆形，两面密被短柔毛，下面除毛茸外尚满布小的黄色腺点，边缘浅锯齿状，纸质，脉在上面下陷，下面稍隆起；轮伞花序生于茎端4～10节上，密集成长3～5cm，卵形的穗状花序；苞叶叶状，向上渐变小，近全缘，发蓝色；花冠蓝色，外被微柔毛，下垂，倒心形；花柱略伸出；小坚果卵形。

【生境】山坡上或石缝中，海拔3 500～4 400m。

【分布】巴青县、比如县、索县、嘉黎县。

【拍摄地点】嘉黎县。

【学名】独一味 *Lamiophlomis rotata*（**Benth.**）**kudo**

【科】唇形科 **Labiatae**

【属】独一味属 ***Lamiophlomis* Kudo**

【形态特征】多年生草本；无茎或有短茎，根茎伸长，呈花葶状，单生；叶4枚，辐状两两相对，扇形、横肾形以至三角形，边缘具圆齿，上面密被白色疏柔毛，具皱；轮伞花序密集成穗状；花萼管状，萼齿5，花冠紫红色。

【生境】高山草甸、灌丛、河滩、流石滩，海拔4 100～4 800m。

【分布】那曲各地均有分布。

【拍摄地点】色尼区。

【学名】宝盖草　*Lamium amplexicaule* L.

【科】唇形科　**Labiatae**

【属】野芝麻属　***Lamium* L.**

【形态特征】一年生或二年生草本植物；基部多分枝，四棱形，无毛，中空；叶圆形或肾形，边缘具圆齿；轮伞花序多花，疏离；花冠二唇形，直立，紫红或粉红色，上唇顶部被紫红色柔毛；小坚果倒卵圆形，具三棱，先端近截状，基部收缩，表面有白色疣状突起。

【生境】山谷草地、田间、水沟边，海拔2 800 ~ 4 300m。

【分布】比如县、巴青县、索县、嘉黎县。

【拍摄地点】索县。

【学名】螃蟹甲 ***Phlomis younghusbandii*** **Mukerj.**

【科】唇形科 **Labiatae**

【属】糙苏属 ***Phlomis*** **L.**

【形态特征】多年生草本；主根粗厚，纺锤形，分枝，侧根局部膨大呈圆球形块根，褐黄色；茎丛生，直立或上升，不分枝，疏被贴生星状短茸毛；基生叶多数，披针状长圆形或狭长圆形，边缘具圆齿，茎生叶小，卵状长圆形至长圆形，叶片均具皱纹，上面橄榄绿色，被星状糙硬毛及单毛，下面较淡，疏被星状短茸毛；轮伞花序多花，3～5个；花萼管状，上唇边缘齿状，自内面具髯毛；小坚果顶部被颗粒状毛被物；花期7月。

【生境】干燥山坡、灌丛及河滩、林缘，海拔3 700～4 800m。

【分布】申扎县、色尼区、巴青县、比如县、索县、嘉黎县。

【拍摄地点】巴青县。

【学名】山莨菪　*Anisodus tanguticus*（Maxim.）**Pascher**

【科】茄科　**Solanaceae**

【属】山莨菪属　***Anisodus* Link et Otto**

【形态特征】多年生草本；茎直立，多分枝，茎无毛或被微柔毛；叶矩圆形至狭矩圆状卵形，全缘或具波状齿；花单生分枝间叶腋，花俯垂或有时直立；花冠紫色或暗紫色；花萼在花后显著增大，完全包被果实。

【生境】滩地、山坡、草甸、河岸，海拔3 600～4 700m。

【分布】比如县、巴青县、索县、嘉黎县、色尼区、安多县。

【拍摄地点】色尼区。

【学名】马尿泡 *Przewalskia tangutica* **Maxim.**

【科】茄科 **Solanaceae**

【属】马尿泡属 ***Przewalskia*** **Maxim.**

【形态特征】多年生草本；根粗壮，肉质；叶长椭圆状卵形至长椭圆状倒卵形，顶端圆钝，基部渐狭，边缘全缘或微波状，有短缘毛；花单生或2～3朵生于总花梗上；花萼常膨大成膀胱状而周围包围果实，外生短腺毛；花冠檐部黄色或淡黄色，筒部紫色；蒴果球状。

【生境】滩地、山坡、草甸、河岸，海拔3 600～5 100m。

【分布】比如县、巴青县、索县、嘉黎县、色尼区、安多县。

【拍摄地点】色尼区。

【学名】西藏泡囊草　*Physochlaina praealta*（Decne）Miers

【科】茄科　**Solanaceae**

【属】泡囊草属　***Physochlaina* G. Don**

【形态特征】多年生草本；茎直立，多分枝，生腺质短柔毛；叶卵形或卵状椭圆形，全缘而微波状；圆锥状聚伞花序，花疏生；花冠钟状，黄色，有脉纹紫色；雄蕊伸出花冠；蒴果矩圆状。

【生境】滩地、田边、河岸，海拔3 600～4 700m。

【分布】比如县、巴青县、索县、嘉黎县、尼玛县。

【拍摄地点】尼玛县。

【学名】肉果草　*Lancea tibetica* Hook. f. et Thoms.

【科】玄参科　**Scrophulariaceae**

【属】肉果草属　***Lancea* Hook. f. et Thoms.**

【形态特征】多年生草本；基部叶1～2对，鳞片状；茎生叶近莲座状，近革质，倒卵形或匙形，基部渐窄成短柄，近全缘；花3～5簇生或成总状花序；花萼革质，萼片钻状三角形；花冠深蓝或紫色，上唇2深裂，下唇中裂片全缘；雄蕊着生花冠筒近中部，花丝无毛；果红或深紫色。

【生境】高山灌丛、草甸、河漫滩、林下，海拔3 900～5 000m。

【分布】色尼区、索县、巴青县、双湖县、尼玛县、嘉黎县。

【拍摄地点】嘉黎县。

【学名】藏玄参　*Oreosolen wattii* Hook. f.

【科】玄参科　**Scrophulariaceae**

【属】藏玄参属　***Oreosolen*** **Hook. f.**

【形态特征】多年生矮小草本；地上茎极短；叶对生，铺地，宽卵形或倒卵状扇形，在茎顶端集成莲座状，边缘具不规则锯齿；花数朵簇生叶腋；花萼5裂几乎达到基部；花冠具长筒，黄色，上唇2裂，下唇3裂，上唇长于下唇；雄蕊4枚，花丝粗壮，顶端膨大；蒴果卵球状，顶端渐尖。

【生境】高山草甸、山坡裸露处，海拔3 000 ~ 5 100m。

【分布】色尼区、安多县、巴青县、比如县、索县、嘉黎县、申扎县、班戈县。

【拍摄地点】巴青县。

【学名】长果婆婆纳 *Veronica ciliata* **Fisch.**

【科】玄参科 **Scrophulariaceae**

【属】婆婆纳属 ***Veronica* L.**

【形态特征】多年生草本；全株被长柔毛；叶对生，卵形至卵状披针形，两端急尖，全缘或中段有尖锯齿，两面被柔毛或几乎变无毛；总状花序1～4支，侧生于茎顶端叶腋，短而花密集，几乎成头，少伸长的；苞片宽条形；花萼裂片条状披针形；花冠蓝色或蓝紫色；种子矩圆状卵形。

【生境】高山草地、流石滩、林下，海拔3 400～4 500m。

【分布】嘉黎县、索县、巴青县、比如县、色尼区。

【拍摄地点】嘉黎县。

【学名】短穗兔耳草　*Lagotis brachystachya* **Maxim.**

【科】玄参科　**Scrophulariaceae**

【属】兔耳草属　***Lagotis* Gaertn.**

【形态特征】多年生矮小草本；根状茎短，簇生，条形，肉质；匍匐走茎带紫红色；叶全部基出，莲座状，叶柄扁平，翅宽，叶片宽条形至披针形，全缘；花葶数条，纤细，倾卧或直立；穗状花序卵圆形，花密集；苞片卵状披针形；花冠白色或微带粉红或紫色，长5～6mm，花冠筒伸直较唇部长，上唇全缘，卵形或卵状矩圆形；花盘4裂；果实红色，卵圆形。

【生境】高山草原、河滩、湖边砂质草地，海拔3 200～4 500m。

【分布】色尼区、安多县、班戈县、申扎县、双湖县、索县。

【拍摄地点】色尼区。

【学名】云南兔耳草 ***Lagotis yunnannensis*** **W. W. Smith**

【科】玄参科 **Scrophulariaceae**

【属】兔耳草属 ***Lagotis*** **Gaertn.**

【形态特征】多年生草本；茎单条或2条，斜上升；基生叶4～6片，叶柄有翅，基部稍扩大，叶片卵形至矩圆形，顶端圆形或有短锐尖头，边缘有宽圆齿，少全缘；穗状花序；苞片卵形至卵状披针形，暗黄绿色，边缘色淡，膜质；花冠白色，少有紫色，花冠筒伸直，与唇部相等或稍长，上唇矩圆形，全缘，少2裂，下唇2～4裂，裂片披针形；花柱短，不伸出于花冠筒外；花盘大，斜杯状。

【生境】高山草地，海拔3 350～4 700m。

【分布】色尼区、安多县、索县。

【拍摄地点】色尼区。

【学名】阿拉善马先蒿　*Pedicularis alaschanica* Maxim.

【科】玄参科　**Scrophulariaceae**

【属】马先蒿属　***Pedicularis* L.**

【形态特征】多年生草本；高10 ~ 35cm，多茎，稍直立，侧枝多铺散上升；茎从基部发出，多数，中空，微有4棱，密被锈色茸毛；叶对生，披针状长圆形或卵状长圆形，羽状全裂，裂片线形，有细锯齿；花序穗状；花冠黄色，花冠筒中上部稍前膝曲，上唇近顶端弯转成喙。

【生境】河谷、洪积扇、石砾地、灌丛、荒坡，海拔4 100 ~ 4 700m。

【分布】安多县、申扎县、班戈县、索县。

【拍摄地点】安多县。

【学名】白花甘肃马先蒿 *Pedicularis kansuensis* **Maxim. subsp.** ***kansuensis*** **f. albiflora L.**

【科】玄参科 **Scrophulariaceae**

【属】马先蒿属 ***Pedicularis*** **L.**

【形态特征】一年或两年生草本；叶基出者常长久宿存，茎叶4枚轮生，叶长圆形，羽状全裂，裂片羽状深裂；花轮极多而均疏距，仅顶端者较密；花萼前方不裂，膜质，主脉明显；花冠白色，花冠管在基部以上前膝曲，下唇长于盔，裂片圆形，中裂较小，盔多少镰状弓曲，额高凸，常具波状齿的鸡冠凸起。

【生境】林缘、山坡草地，海拔3 500 ~ 3 900m。

【分布】嘉黎县、比如县、索县。

【拍摄地点】嘉黎县。

【学名】斑唇马先蒿　*Pedicularis longiflora* **Rudolph. var.** ***tubiformis*** **（Klotz.）Ts oong**

【科】玄参科　**Scrophulariaceae**

【属】马先蒿属　***Pedicularis*** **L.**

【形态特征】多年生草本；茎缩短；叶披针形至狭披针形，基生叶密集成丛，羽状深裂至全裂，裂片具重锯齿；花萼筒状，前方开裂至中部，齿2枚，顶端掌状开裂；花腋生，花冠黄色，盔前端渐狭成喙，喙扭转，先端二裂，花冠下唇近喉部有2个棕红色或紫褐色斑点，具长缘毛，先端凹陷。

【生境】高山草甸、沼泽、河滩、林缘湿地，海拔3 500～4 600m。

【分布】嘉黎县、比如县、申扎县、聂荣县、索县。

【拍摄地点】嘉黎县。

【学名】大唇马先蒿　*Pedicularis megalochila* L.

【科】玄参科　**Scrophulariaceae**

【属】马先蒿属　***Pedicularis* L.**

【形态特征】多年生草本；茎单条或成丛，有贴伏的白毛，不分枝；叶线状披针形至长圆状披针形，羽状浅裂或有时深裂，叶多基生，基部鞘状膨大，缘有狭翅，缘有重圆齿；花序显著离心；萼管常有深紫色斑点，膜质，前方深裂至2/3；花冠紫色，仅喙部红色；雄蕊着生于花管中部，花丝两对均被毛，前方1对毛极密，后方1对较疏；花柱不伸出。

【生境】草坡及矮杜鹃丛林，海拔3 800～4 600m。

【分布】嘉黎县、比如县、巴青县。

【拍摄地点】嘉黎县。

【学名】皐莱氏马先蒿　*Pedicularis fletcherii* Ts oong

【科】玄参科　**Scrophulariaceae**

【属】马先蒿属　***Pedicularis* L.**

【形态特征】多年生草本；茎直立，单一或丛生，侧出倾卧上升；叶互生或假对生，长圆状披针形，具柄，羽状全裂具刺尖，腹面色暗，无毛，背面色浅具碎冰纹网脉，网眼中叶面凸起；花序总状，花冠自色，下唇中央有红晕，无毛，盔直立，略作镰状弓曲，稍稍偏扭向右，突然折向前下方成为短喙，完全2裂至额部；蒴果大。

【生境】高山草地，海拔4 000 ~ 4 200m。

【分布】嘉黎县、比如县、索县。

【拍摄地点】嘉黎县。

【学名】甘肃马先蒿 ***Pedicularis kansuensis*** **Maxim.**

【科】玄参科 **Scrophulariaceae**

【属】马先蒿属 ***Pedicularis*** **L.**

【形态特征】一年或两年生草本；高30～60cm；茎常多条自基部发出，中空，多少方形，草质；叶4片一轮，条形，分裂成很多细叉，裂片羽毛状；花如嘴唇状，上唇头盔状，下唇3裂；蒴果斜卵形，略自萼中伸出，长锐尖头；花期6—8月。

【生境】草甸、林下、林缘、河滩、灌丛，海拔3 900～4 800m。

【分布】色尼区、安多县、索县、巴青县、班戈县。

【拍摄地点】色尼区。

【学名】聚花马先蒿　*Pedicularis confertiflora* Prain

【科】玄参科　**Scrophulariaceae**

【属】马先蒿属　***Pedicularis* L.**

【形态特征】一年生草本；全株被毛；茎单生或基生丛生，稍紫黑色；叶对生或丛生，卵状长圆形，羽状全裂，具缺刻状锯齿；花具短梗，对生或上部4枚轮生；花萼钟形，具红晕，被粗毛，全缘；花冠玫瑰色或紫红色，下唇宽大，约与盔等长，三角状心脏形，无缘毛或有时有极细的缘毛；蒴果斜卵形，有凸尖。

【生境】空旷多石的草地中，海拔3 800 ~ 4 500m。

【分布】色尼区、安多县、嘉黎县。

【拍摄地点】嘉黎县。

【学名】美丽马先蒿　*Pedicularis bella* **Hook. f.**

【科】玄参科　**Scrophulariaceae**

【属】马先蒿属　***Pedicularis* L.**

【形态特征】一年生草本；连花高约8cm，丛生，全株被白毛；叶卵状披针形，集生基部，膜质，鞘状，被疏毛，羽状浅裂；花萼长1.2～1.5cm，前方裂至1/3，萼齿5；花冠深玫瑰紫色，花冠筒色较浅，上唇稍镰状弓曲，喙细，多少卷曲；蒴果斜长圆形，伸出宿萼约1倍，有短凸尖。

【生境】高山草甸、潮湿草地，海拔3 800～4 900m。

【分布】嘉黎县、比如县、索县。

【拍摄地点】嘉黎县。

【学名】欧氏马先蒿　*Pedicularis oederi* Vahl

【科】玄参科　**Scrophulariaceae**

【属】马先蒿属　***Pedicularis* L.**

【形态特征】多年生草本；体低矮；茎单一，被棉毛；叶多基生，线状披针形至线形，羽状全裂，裂片多数，紧密排列，缘有锯齿，齿具胼胝而多反卷；花序顶生，占茎的大部长度；萼狭而圆筒形，主脉5条，齿5枚；花冠多二色，盔端紫黑色，其余黄白色，有时下唇及盔的下部亦有紫斑。

【生境】高山、沼泽、草甸、林下、高山流石滩，海拔3 600～4 200m。

【分布】嘉黎县、安多县、色尼区。

【拍摄地点】安多县。

【学名】普氏马先蒿 *Pedicularis przewalskii* Maxim.

【科】玄参科 **Scrophulariaceae**

【属】马先蒿属 ***Pedicularis* L.**

【形态特征】多年生低矮草本；茎多单条，或2～3条自根颈发出；叶片披针状线形，边缘羽状浅裂成圆齿，齿有胼胝，缘常强烈反卷；花次序显系离心；萼瓶状卵圆形，管口缩小，缘有长缘毛，膜质，具密网脉；花冠紫红色，喉部常为黄白色，外面有长毛，向上渐宽，几以直角转折成为膨大的含有雄蕊部分，额高凸，前方急细为指向前下方的细喙，喙端深2裂，裂片线形；蒴果斜长圆形，有短尖头。

【生境】高山、沼泽、草甸、林下、高山流石滩，海拔3 600～4 200m。

【分布】嘉黎县。

【拍摄地点】嘉黎县。

【学名】全缘叶马先蒿　***Pedicularis integrifolia*** **Hook. f.**

【科】玄参科　**Scrophulariaceae**

【属】马先蒿属　***Pedicularis*** **L.**

【形态特征】多年生低矮草本；根纺锤形，肉质；茎单条或多条，弯曲上升；叶窄长圆状披针形，具波状圆齿；花轮聚生茎端；苞片叶状；花萼筒状钟形，有腺毛，萼齿5，后方1枚较小；花冠深紫色，花冠筒直伸，上唇直角转折，喙S形弯曲，端钝而全缘；花丝2对被毛；蒴果扁卵圆形，包于宿萼内。

【生境】高山草甸、林下，海拔3 400～4 200m。

【分布】嘉黎县、比如县。

【拍摄地点】嘉黎县。

【学名】绒舌马先蒿　*Pedicularis lachnoglossa* **Hook. f.**

【科】玄参科　**Scrophulariaceae**

【属】马先蒿属　***Pedicularis* L.**

【形态特征】多年生草本；茎直立，有条纹，被褐色柔毛；基生叶丛生，披针状线形，羽状深裂或有重锯齿；花序总状；花萼圆筒状长圆形，萼齿线状披针形，缘被柔毛；花冠紫红色，上唇包雄蕊部分近直角转折向前下方，颏部与额部及其下缘均密被浅红褐色长毛；蒴果长卵圆形。

【生境】高山草原、林下、林缘，海拔3 900～5 000m。

【分布】色尼区、索县、巴青县、嘉黎县。

【拍摄地点】嘉黎县。

【学名】弱小马先蒿　*Pedicularis debilis* **Franch. ex Maxim**

【科】玄参科　**Scrophulariaceae**

【属】马先蒿属　***Pedicularis* L.**

【形态特征】多年生低矮草本；茎单出，不分枝，基部有卵形至披针形的鳞片数对，除花序外仅1～2枚；无基生叶，下部1～2对叶有长柄，两边有狭翅，叶片小，卵形至长圆形；花序顶生，近头状；花冠红色而盔则深紫红色，下唇为三角状卵形，多少具不整齐的啮痕状齿；雄蕊着生于子房顶稍上处的管部内壁上，花丝无毛；花柱略伸出；蒴果。

【生境】高山草甸、高山流石滩，海拔3 400～4 300m。

【分布】嘉黎县、比如县。

【拍摄地点】嘉黎县。

【学名】凸额马先蒿 *Pedicularis cranolopha* **Maxim.**

【科】玄参科 **Scrophulariaceae**

【属】马先蒿属 ***Pedicularis* L.**

【形态特征】多年生草本；低矮或稍升高；茎丛生，铺地，沿沟有成线的毛；叶基出与茎生，羽状深裂，卵形至披针状长圆形，具重锯齿；花序总状顶生，花数不多；萼膜质，前方开裂至2/5～1/2，主脉5条，全缘或略有锯齿；花冠淡黄色，被毛，盔直立部分略前俯，上端即镰状弓曲向前上方成为含有雄蕊的部分，其前端急细为略作半环状弓曲而端指向喉部的喙，端深2裂。

【生境】高山、沼泽、草甸、林下、高山流石滩，海拔3 600～4 200m。

【分布】嘉黎县。

【拍摄地点】嘉黎县。

【学名】藓状马先蒿　*Pedicularis muscoides* L.

【科】玄参科　**Scrophulariaceae**

【属】马先蒿属　***Pedicularis*** **L.**

【形态特征】多年生草本；低矮，茎丛生；基生叶具长柄，柄细，有毛；叶长圆状披针形，羽状全裂或近端处羽状深裂，有锯齿；花萼长圆状卵圆形，被毛，萼齿5；花冠淡黄色，端稍前弯，略宽，上唇稍前俯，额部圆，下缘前端尖，无齿，全缘，中裂片圆形；蒴果长圆状卵圆形。

【生境】高山、沼泽、草甸、林下、高山流石滩，海拔3 600～4 200m。

【分布】嘉黎县、安多县、色尼区。

【拍摄地点】安多县。

【学名】藏鸭首马先蒿 ***Pedicularis anas* Maxim.**

【科】玄参科 **Scrophulariaceae**

【属】马先蒿属 ***Pedicularis* L.**

【形态特征】多年生草本；低矮，少毛；茎紫黑色，常不分枝；叶长圆状卵形或线状披针形，羽状全裂，具刺尖锯齿，两面均无毛；花序头状或穗状；花萼卵圆形，常有紫斑或紫晕，被白长毛；花冠浅黄色或紫色，近基部膝曲，上唇镰状弓曲，额部稍凸起，喙细直，F唇中裂片圆形，稍小于侧裂片；蒴果三角状披针形。

【生境】高山草甸、高山草地、林下，海拔3 400 ~ 4 500m。

【分布】嘉黎县、索县、巴青县、比如县。

【拍摄地点】嘉黎县。

【学名】褶皱马先蒿　*Pedicularis plicata* **Maxim.**

【科】玄参科　**Scrophulariaceae**

【属】马先蒿属　***Pedicularis* L.**

【形态特征】多年生草本；茎单条，直立，被毛；叶线状披针形，羽状深裂或近全裂，有锯齿，茎叶常4枚轮生；穗状花序，花轮生；花萼前方开裂近1/2，萼齿5，不等，有锯齿；花冠黄色，冠筒近基部弓曲，自萼裂口伸出，花前俯，上唇粗壮，微镰状弓曲，顶端圆钝，略方形，前缘有内褶。

【生境】高山、沼泽、草甸、林下、高山流石滩，海拔3 600 ~ 4 200m。

【分布】嘉黎县、安多县、色尼区。

【拍摄地点】安多县。

【学名】红毛马先蒿 ***Pedicularis rhodotricha*** **Maxim.**

【科】玄参科 **Scrophulariaceae**

【属】马先蒿属 ***Pedicularis*** **L.**

【形态特征】多年生草本；高低极不相等，低者仅高13cm即开花，高者可达60cm；鞭状根茎很长，茎基偶有鳞片状叶数枚；叶下部者有柄而较小，中部者最大，有短柄或多少抱茎，线状披针形，偶为披针状长圆形；花序头状至总状；花唇形，紫红色，上唇头盔状，弯曲，下唇极宽阔，3裂，淡红色的毛；喙长4～5mm，端有凹缺；花柱伸出喙外约4mm，向内弓曲；花期6—8月。

【生境】山地、灌丛草地，海拔4 100～4 500m。

【分布】色尼区、索县、比如县。

【拍摄地点】卓玛峡谷。

【学名】藏菠萝花　***Incarvillea younghusbandii*** **Sprague**

【科】紫葳科　**Bignoniaceae**

【属】角蒿属　***Incarvillea*** **Juss.**

【形态特征】矮小宿根草本；高10～20cm，无茎；叶基生，平铺，1回羽状复叶，侧生叶2～5对，卵状椭圆形，近无柄；花单生或3～6朵生于叶腋中抽出缩短的总梗上；花萼钟状，无毛；花冠细长，漏斗状；蒴果近于木质，弯曲或新月形，具四棱，顶端锐尖，淡褐色，2瓣开裂；花期5—8月，果期8—10月。

【生境】山坡草甸、高寒草原、砾石滩，海拔4 000～5 000m。

【分布】安多县、班戈县、色尼区、比如县、索县、嘉黎县、巴青县。

【拍摄地点】嘉黎县。

【学名】平车前 *Plantago depressa* Willd.

【科】车前科 **Plantaginaceae**

【属】车前属 ***Plantago*** **L.**

【形态特征】一年生或二年生草本；根茎短；叶基生呈莲座状，平卧、斜展或直立；叶片纸质，椭圆形、椭圆状披针形或卵状披针形，边缘具浅波状钝齿，脉5～7条；花序3～10个，穗状花序细圆柱状，上部密集，基部常间断，龙骨突宽厚，花冠白色；蒴果卵状椭圆形至圆锥状卵形；花期5—7月，果期7—9月。

【生境】灌丛草甸、山坡、河谷，海拔3 200～4 600m。

【分布】色尼区、比如县、巴青县、索县、嘉黎县、聂荣县。

【拍摄地点】聂荣县。

【学名】刺果猪殃殃　*Galium echinocarpum* Hayata

【科】茜草科　**Rubiaceae**

【属】拉拉藤属　***Galium* L.**

【形态特征】多年生蔓生攀缘草本；下部常卧地；茎分枝，4棱，棱上生有倒刺毛；叶纸质，4～6片轮生，倒披针形至倒卵形，先端渐尖，基部楔形，两面散生短刺毛；聚伞花序腋生，少花而疏，白色；花冠裂片4，卵形，果近球形，密被钩状长毛。

【生境】山坡、河边、阳坡灌丛、田边，海拔3 400～4 200m。

【分布】巴青县、嘉黎县、比如县、索县、色尼区。

【拍摄地点】比如县。

【学名】茜草 ***Rubia cordifolia*** **L.**

【科】茜草科 **Rubiaceae**

【属】茜草属 ***Rubia*** **L.**

【形态特征】多年生攀缘草本；根丛生，橙红色；枝四棱，棱上有倒生皮刺；叶4枚轮生，纸质，心状卵形至心状披针形，两面粗糙，脉上有微小皮刺；聚伞花序组成疏松的圆锥花序，花小；花冠淡黄色，干时淡褐色；果球形，成熟时橘黄色。

【生境】山坡、河谷、林下，海拔3 600～4 200m。

【分布】巴青县、嘉黎县、比如县、索县。

【拍摄地点】嘉黎县。

【学名】刚毛忍冬　*Lonicera hispida* **Pall. ex Roem. et Schultz.**

【科】忍冬科　**Caprifoliaceae**

【属】忍冬属　***Lonicera* L.**

【形态特征】落叶灌木；全株具刚毛；幼枝淡紫褐色至褐色；冬芽1对，具纵槽外鳞片；叶椭圆形或卵状长圆形，基部有时微心形，边缘有刚睫毛；苞片宽卵形，有时带紫红色，相邻两萼筒分离；花冠白或淡黄色，漏斗状；浆果熟时先黄色，后红色，卵圆形或长圆筒形。

【生境】山坡、灌丛、林缘、河谷，海拔3 600 ~ 4 100m。

【分布】色尼区、巴青县、嘉黎县、索县。

【拍摄地点】巴青县。

【学名】岩生忍冬 *Lonicera rupicola* **Hook. f. et Thoms**

【科】忍冬科 **Caprifoliaceae**

【属】忍冬属 ***Lonicera* L.**

【形态特征】矮生多分枝灌木；高10～60cm；小枝纤细，叶脱落后小枝顶常呈针刺状，有时伸长而平卧；叶纸质，3～4枚轮生，矩圆状披针形至矩圆形，上面无毛或有微腺毛，下面全被白色毡毛状屈曲短柔毛而毛之间无空隙；花生于幼枝基部叶腋，芳香，总花梗极短；花冠淡紫色或紫红色，筒状钟形；浆果鲜红色，椭圆形。

【生境】高山灌丛草甸、流石滩边缘、林缘河滩草地或山坡灌丛中，海拔4 200～4 700m。

【分布】色尼区、巴青县、嘉黎县、索县。

【拍摄地点】巴青县。

【学名】白花刺参（变种）　*Morina alba* **Hand.-Mazz.**

【科】川续断科　**Dipsacaceae**

【属】刺参属　***Morina* L.**

【形态特征】多年生草本；植株较纤细，高10～40cm；叶宽5～9mm，基出叶簇生，叶片披针形，边缘具不规则的刺状锯齿，基生叶常四叶轮生，2～3轮，向上渐小，基部抱茎；茎直立，不分枝，有纵条纹；花萼全绿色，长5～8mm，花冠白色，花数朵轮生，组成穗状花序；苞片3枚轮生，无柄，边缘具刺状锯齿；瘦果，表面具瘤状突起。

【生境】灌丛、山坡草地、草甸，海拔3 800～4 600m。

【分布】色尼区、比如县、嘉黎县、索县、巴青县。

【拍摄地点】嘉黎县。

【学名】刺续断（红花刺参） *Morina nepalensis* D. Don

【科】川续断科 **Dipsacaceae**

【属】刺参属 ***Morina*** **L.**

【形态特征】多年生草本；茎单一或2～3分枝，上部疏被纵列柔毛；基生叶线状披针形，先端渐尖，基部渐狭，全缘，具疏刺毛；茎叶对生，2～4对，长圆形至披针形，向上渐小，边缘具刺毛；花红色或紫色，总苞片卵形至卵圆形，边缘及基部具硬刺；瘦果柱形，蓝褐色，被短毛，先端斜截形。

【生境】灌丛、山坡草地、草甸，海拔3 800～4 600m。

【分布】色尼区、比如县、嘉黎县、索县、巴青县。

【拍摄地点】嘉黎县。

【学名】青海刺参　*Morina kokonorica* **Hao**

【科】川续断科　**Dipsacaceae**

【属】刺参属　***Morina* L.**

【形态特征】多年生草本；高20～50cm；根粗壮，不分枝或下部分枝；茎直立，单一；基生叶5～6，簇生，坚硬，线状披针形，边缘具深波状齿，边缘有3～7硬刺；茎生叶似基生叶，长披针形，常4叶轮生，基部抱茎；轮伞花序顶生，每轮有总苞片4，总苞片长卵形，近革质，边缘具多数黄色硬刺；花冠二唇形，5裂，淡绿色，外面被毛；瘦果褐色，圆柱形，近光滑，具棱，顶端斜截形。

【生境】砂石质山坡、山谷草地、山坡草地、草甸，海拔3 800～4 700m。

【分布】那曲各地均有分布。

【拍摄地点】尼玛县。

【学名】匙叶翼首花　*Pterocephalus hookeri*（C. B. Clarke）Diels

【科】川续断科　**Dipsacaceae**

【属】翼首花属　***Pterocephalus* Vdill. ex Adans.**

【形态特征】多年生草本；高10～50cm，全株被白色柔毛；叶基生，莲座状，叶倒披针形，先端钝或急尖，全缘或羽状深裂；头状花序单生茎顶，球形；总苞片边缘密被长柔毛；花萼全裂，黄白色至淡紫色，雄蕊4，稍伸出花冠管外，花药黑紫色；花果期7—10月。

【生境】山谷草地、山坡草地、草甸，海拔3 600～4 700m。

【分布】色尼区、比如县、嘉黎县、索县、巴青县、安多县、聂荣县。

【拍摄地点】比如县。

【学名】脉花党参 *Codonopsis nervosa*（**Chipp**）**Nannf.**

【科】桔梗科 **Campanulaceae**

【属】党参属 ***Codonopsis* Wall.**

【形态特征】多年生缠绕草本；根茎基部具多数瘤状茎痕，根肥大，圆柱状；主茎直立或上升，疏生白色柔毛；叶在主茎上互生，茎上部呈苞片状，在侧枝上近于对生，叶片阔心形，近全缘，被白色柔毛；花单朵，着生于茎顶，微下垂，花萼贴生至子房中部，筒部半球状，裂片边缘不反卷，上部被毛，花冠球状钟形，淡蓝白色，内面基部常具紫红色脉纹；蒴果，下部半球状，上部圆锥状。

【生境】山地林边灌丛，海拔3 300～4 800m。

【分布】色尼区、比如县、巴青县、索县、嘉黎县。

【拍摄地点】巴青县。

【学名】长柱沙参 *Adenophora stenanthina*（**Ledeb.**）**Kitag.**

【科】桔梗科 **Campanulaceae**

【属】沙参属 ***Adenophora*** **Fisch.**

【形态特征】多年生草本；茎直立，有时上部分枝，被倒生糙毛；叶线状披针形，两面具短毛或无毛；花序无分枝，呈假总状花序，或有分枝而集成圆锥花序；花萼无毛，萼筒倒卵状或倒卵状长圆形，裂片钻状三角形或钻形，全缘；花冠细，蓝色；花盘细筒状，无毛或有柔毛；花柱伸出花冠；蒴果椭圆状。

【生境】林边灌丛、草坡、河谷，海拔3 500～3 900m。

【分布】嘉黎县、比如县。

【拍摄地点】嘉黎县。

【学名】篦齿眼子菜　*Potamogeton pectinatus* L.

【科】眼子菜科　**Potamogetonaceae**

【属】眼子菜属　***Potamogeton* L.**

【形态特征】本变种花为蓝紫色；多年生草本；植株基部围有大量老叶叶鞘的残留纤维，棕褐色或黄褐色，毛发状，向外反卷；根状茎木质，块状，很短；根粗而长，黄白色，近肉质，少分枝；叶条形；花茎极短，不伸出地面；苞片2枚，膜质；花被下部丝状，外花被裂片倒卵形，内花被裂片倒披针形，直立；花药短宽，紫色；子房纺锤形；果实椭圆形，顶端有短喙，成熟时沿室背开裂，顶端相连；种子梨形，棕色，表面有皱纹；花期5—6月，果期7—9月。

【生境】高山草地、寒漠砾石地，海拔3 000～5 000m。

【分布】安多县、班戈县、色尼区、双湖县、嘉黎县、巴青县。

【拍摄地点】安多县。

【学名】水麦冬　*Triglochin palustre* L.

【科】水麦冬科　**Juncaginaceae**

【属】水麦冬属　***Triglochin* L.**

【形态特征】水麦冬为单子叶植物；沼生草本，具根状茎，有时具块根，叶通常基生，线形，基部有鞘，有时浮于水面；花为风媒花，两性或单性异株或为杂性花，辐射对称，无苞片；花被片6，2轮；雄蕊6～4，花药近于无花丝；心皮6～4，离生或多少合生，上位，花柱粗短或不存在，柱头常为羽状或乳突状；胚珠倒生，1枚，生于子房室底；果圆筒状至倒卵形，由离生或合生的成熟心皮组成，顶端直或弯，基部有时具2个钩状距，裂或不裂；种子无胚乳。

【生境】湿地、沼泽地或盐碱湿草地，海拔3 100～4 800m。

【分布】色尼区、安多县、班戈县、嘉黎县、聂荣县、巴青县、比如县。

【拍摄地点】色尼区。

【学名】半卧狗娃花　*Heteropappus semiprostratus* Griers.

【科】菊科　**Compositae**

【属】狗娃花属　***Heteropappus*** **Less.**

【形态特征】多年生草本；主根长，直伸；茎枝平卧或斜升，很少直立，被硬柔毛，基部分枝；叶条形或匙形，全缘，两面被柔毛；中脉上面稍下陷，下面稍凸起；头状花序单生枝端；总苞半球形；总苞片披针形；舌状花20～35个；舌片蓝色或浅紫色；管花黄色；冠毛浅棕红色；瘦果倒卵形，被绢毛。

【生境】湖边砂地、山坡草地、砾石山坡，海拔4 100～5 000m。

【分布】双湖县、班戈县、申扎县、安多县。

【拍摄地点】班戈县。

【学名】青藏狗娃花　*Heteropappus bowerii* (Hemsl.) Griers.

【科】菊科　**Compositae**

【属】狗娃花属　***Heteropappus*** **Less.**

【形态特征】二年或多年生草本；低矮，垫状，有肥厚的圆柱状直根；茎单生或簇生，被白色密硬毛，上部常有腺；叶条状匙形，质厚，全缘或边缘皱缩，两面密生白色长粗毛或上面近无毛；头状花序单生于茎端或枝端，总苞半球形，总苞片2～3层，条形或条状披针形；舌状花约50个，舌片蓝紫色，管状小黄花。

【生境】高山石砾山坡、砂质草地，海拔4 100～5 300m。

【分布】双湖县、班戈县、申扎县、尼玛县、安多县。

【拍摄地点】双湖县。

【学名】缘毛紫菀　*Aster souliei* **Franch.**

【科】菊科　**Compositae**

【属】紫菀属　***Aster* L.**

【形态特征】多年生草本；根茎粗壮；茎单生或莲座状叶丛生，直立，不分枝，被长粗毛；莲座状叶与茎基部叶倒卵圆形、长圆状匙形或倒披针形，下部渐窄成具宽翅而抱茎的柄，全缘，下部及上部叶长圆状线形，叶两面被疏毛；头状花序单生茎端；总苞半球形；舌状花黄色；冠毛1层，紫褐色；瘦果卵圆形，稍扁，被密粗毛。

【生境】灌丛、林缘、山坡草地，海拔3 000～4 500m。

【分布】嘉黎县、比如县。

【拍摄地点】嘉黎县。

【学名】萎软紫菀　*Aster flaccidus* **Bge.**

【科】菊科　**Compositae**

【属】紫菀属　***Aster*** **L.**

【形态特征】多年生草本；根茎细长，被长毛；下部叶密集，全缘，茎生叶3～4，长圆形或长圆状披针形，基部半抱茎；头状花序单生茎端；总苞半球形，总苞片2层，线状披针形；舌状花蓝紫色；管状花黄色；冠毛2层，白色，外层披针形，膜片状，内层与管状花花冠等长。

【生境】高山砾石间、高山草地、灌丛，海拔3 600～5 100m。

【分布】安多县、嘉黎县。

【拍摄地点】唐古拉山。

【学名】长毛小舌紫菀　*Aster albescens*（DC.）Hand.-Mazz. var. *pilosus* Hand.-Mazz.

【科】菊科　**Compositae**

【属】紫菀属　***Aster* L.**

【形态特征】灌木；老枝褐色，当年枝黄褐色，多分枝；叶互生，叶片长圆披针形，全缘或有浅齿，上面被疏糙毛，下面被白色疏长毛，常杂有腺点；头状花序，多数，排列成复伞房状；苞片钻形；总苞片锥状；舌状花舌片白色、浅红色或紫红色；管状花黄色；冠毛污白色，后变红褐色；瘦果长圆形，被长密毛。

【生境】灌丛、林缘，海拔3 000～4 500m。

【分布】嘉黎县、比如县。

【拍摄地点】嘉黎县。

【学名】戟叶火绒草 *Leontopodium dedekensii*（Bur. et Franch.）Beauv.

【科】菊科 **Compositae**

【属】火绒草属 ***Leontopodium* R. Brown**

【形态特征】多年生草本；茎细弱，草质或下部木质，被蛛丝状密毛或灰白色棉毛；叶宽线狭线形，基部较宽，心形或箭形，抱茎，边缘波状，上面被灰色棉状或绢状毛，下面被白色茸毛；苞叶多数，针形或线形，两面被白或灰白色密茸毛，开展成密集的星状苞叶群，或成数个分苞叶群；头状花序；小花异形，雌花少数，雄花花冠漏斗状，雌花花冠丝状；冠毛白色，基部稍黄色。

【生境】林下草地、灌丛，海拔3 600～4 800m。

【分布】嘉黎县、比如县。

【拍摄地点】嘉黎县。

【学名】银叶火绒草　*Leontopodium souliei* **Beauv.**

【科】菊科　**Compositae**

【属】火绒草属　***Leontopodium* R. Brown**

【形态特征】多年生草本；茎纤细，被白色蛛丝状长柔毛；莲座状叶基部鞘状，茎部叶窄线形或舌状线形，下部叶无柄，上部叶基部半抱茎，叶两面被银白色绢状茸毛；苞叶多数，线形，密集；头状花序密集；总苞片褐色，稍露出毛茸；小花异；冠毛白色。

【生境】高山草甸、林下草地，海拔3 800 ~ 4 800m。

【分布】聂荣县、比如县、嘉黎县。

【拍摄地点】嘉黎县。

【学名】淡黄香青 *Anaphalis flavescens* **Hand. -Mazz.**

【科】菊科 **Compositae**

【属】香青属 ***Anaphalis* DC.**

【形态特征】多年生草本；根状茎细长直立，被灰白色蛛丝状棉毛，稀白色厚棉毛；莲座状叶倒披针状长圆形，茎下部及中部叶长圆状披针形或披针形，基部下延成窄翅；头状花序密集成伞房或复伞房状；总苞宽钟状，总苞片4～5层，外层椭圆形，黄褐色，基部被密棉毛；雌头状花序外围有多层雌花，中央有3～12个雄花；瘦果长圆形，被密乳突。

【生境】高山、亚高山草地或林下，海拔3 800～5 200m。

【分布】嘉黎县、比如县、巴青县、色尼区。

【拍摄地点】比如县。

【学名】玲玲香青　*Anaphalis hancockii* **Maxim.**

【科】菊科　**Compositae**

【属】香青属　***Anaphalis* DC.**

【形态特征】多年生草本；茎直立，被白色蛛丝状毛及具柄头状腺毛；莲座丛叶与茎下部叶匙状或线状长圆形，中部及上部叶贴生于茎，线形，或线状披针形，全部叶薄质，两面被蛛丝状毛及头状具柄腺毛，边缘被灰白色蛛丝状长毛；花头状花序9～15个，在茎端密集成复伞房状；总苞片4～5层，稍开展，上部白色；果瘦果长圆形，被密乳头状突起。

【生境】林间草地、山坡草地，海拔3 000～4 000m。

【分布】嘉黎县、比如县、巴青县、色尼区。

【拍摄地点】嘉黎县。

【学名】狭舌毛冠菊 *Nannoglottis gynura*（C. Winkl.）**Ling et Y . L. Chen**

【科】菊科 **Compositae**

【属】毛冠菊属 ***Nannoglottis* Maxim.**

【形态特征】多年生直立草本，被多细胞毛；茎生叶卵状长圆形，顶端渐尖或钝，边缘具不规则的牙齿，基部渐狭成翅状柄；头状花序，常10个以上在茎顶排成较密的圆锥聚伞花序；总苞半球形，外层较内层短；具同色三型花，边缘雌花舌状，舌片线状长圆形，较内层雌花细筒状，中央多数不育的两性管状花；花药基部尖；瘦果具棱；冠毛污白色。

【生境】山坡林下，海拔3 200 ~ 4 100m。

【分布】比如县、嘉黎县、巴青县。

【拍摄地点】比如县。

【学名】灌木亚菊　*Ajania fruticulosa*（Ledeb.）Poljak.

【科】菊科　**Compositae**

【属】亚菊属　***Ajania* Poljak.**

【形态特征】小半灌木；高8～40cm；花枝被柔毛；叶灰绿色，二回掌状或掌式羽状3～5裂，上部叶有时不分裂，两面均灰白或淡绿色，被贴伏柔毛；总苞钟状，总苞片4层，边缘白或带浅褐色膜质，外层卵形或披针形，被柔毛，麦秆黄色，中内层椭圆形；管状小黄花。

【生境】石坡、洪积扇、草丛，海拔4 000～5 100m。

【分布】巴青县、索县、嘉黎县、比如县。

【拍摄地点】索县。

【学名】白莲蒿 *Artemisia sacrorum* **Ledeb**

【科】菊科 **Compositae**

【属】蒿属 ***Artemisia* L.**

【形态特征】半灌木状草本；茎多数，常组成小丛，褐色或灰褐色，具纵棱，下部木质；茎下部与中部叶长卵形、三角状卵形或长椭圆状卵形，二至三回栉齿状羽状分裂，上部叶略小，一至二回栉齿状羽状分裂；苞片叶栉齿状羽状分裂或不分裂，为线形或线状披针形；头状花序近球形，下垂，在分枝上排成穗状花序式的总状花序，并在茎上组成密集或略开展的圆锥花序；花柱与花冠管近等长，先端2叉。

【生境】山坡、路边、灌丛、荒地、砾石滩地、草原，海拔3 200～4 100m。

【分布】尼玛县、安多县、巴青县。

【拍摄地点】尼玛县。

【学名】藏沙蒿　*Artemisia wellbyi* **Hemsl. et Pearson**

【科】菊科　**Compositae**

【属】蒿属　***Artemisia* L.**

【形态特征】半灌木状草本；主根粗壮，木质；茎丛生，下部木质，上部草质，上部具短、斜向上的分枝；叶质稍厚，茎下部叶二回羽状全裂，上部叶5或3全裂，无柄；头状花序卵球形或近球形；总苞片卵形，初时被微柔毛，后光滑无毛，边狭膜质；花冠狭圆锥状或狭管状。

【生境】河湖边的砂砾地、山坡草地、高山草地，海拔3 600 ~ 5 300m。

【分布】双湖县、申扎县、尼玛县、班戈县。

【拍摄地点】尼玛县。

【学名】大籽蒿　*Artemisia sieversiana* **Ehrhart ex Willd.**

【科】菊科　**Compositae**

【属】蒿属　***Artemisia* L.**

【形态特征】一、二年生草本；主根垂直，狭纺锤形；茎单生，直立，纵棱明显，分枝多；茎、枝被灰白色微柔毛；下部与中部叶宽卵形或宽卵圆形，二至三回羽状全裂，稀深裂，裂片线形或线状披针形；头状花序半球形或近球形，下垂，多数排成圆锥花序，花序托被白色托毛；瘦果长圆形。

【生境】石坡、荒地、田边、草丛，海拔3 600～4 300m。

【分布】巴青县、索县、比如县。

【拍摄地点】巴青县。

【学名】冻原白蒿　*Artemisia stracheyi* **J. D. Hooker et Thomson ex C. B. Clarke**

【科】菊科　**Compositae**

【属】蒿属　***Artemisia* L.**

【形态特征】多年生草本；全株密被绢质茸毛；根粗大，木质；茎多数，密集，通常不分枝；基生叶与茎基部叶窄长卵形、长圆形或长椭圆形，二至三回羽状全裂，中、上部叶稍小，一至二回羽状全裂；头状花序半球形，有短梗，下垂，排成总状花序或密穗状总状花序；管状小黄花。

【生境】草坡、草甸、砾石滩地，海拔4 300 ~ 5 200m。

【分布】双湖县、申扎县、尼玛县。

【拍摄地点】尼玛县。

【学名】臭蒿 *Artemisia hedinii* **Ostenf. et Pauls.**

【科】菊科 **Compositae**

【属】蒿属 ***Artemisia* L.**

【形态特征】一年生草本；高15～80cm，全株密被腺毛，有浓烈臭味，疏被短腺毛状短柔毛；茎单生；叶绿色，背面微被腺毛状短柔毛；基生叶多数，密集呈莲座状，长椭圆形，二回栉齿状羽状分裂，每侧有裂片20余枚，再次羽状深裂或全裂，小裂片具多枚栉齿，栉齿细小；头状花序半球形或近球形，在茎端及短的花序分枝上排成密穗状花序，并在茎上组成密集、狭窄的圆锥花序；花冠管状，紫红色。

【生境】滩地、河滩、山坡，海拔3 600～4 700m。

【分布】巴青县、索县、嘉黎县、色尼区、聂荣县、安多县。

【拍摄地点】安多县。

【学名】箭叶橐吾　*Ligularia sagitta*（**Maxim.**）**Maettf.**

【科】菊科　**Compositae**

【属】橐吾属　***Ligularia* Cass.**

【形态特征】多年生草本；茎直立，茎上部被白色蛛丝状柔毛；丛生叶与茎下部叶箭形，边缘有小齿，两侧裂片外缘常有大齿，上面光滑，下面被疏毛，叶脉羽状，具窄翅；头状花序多数，辐射状；苞片窄披针形或卵状披针形，草质，小苞片线形；舌状花5～9，黄色，舌片长圆形；管状花多数，冠毛白色，与花冠等长。

【生境】河滩、灌丛、林下、林缘，海拔3 400～4 000m。

【分布】嘉黎县、比如县。

【拍摄地点】比如县。

【学名】舌叶垂头菊　*Cremanthodium lingulatum* **S. W. Liu**

【科】菊科　**Compositae**

【属】垂头菊属　***Cremanthodium*** **Benth.**

【形态特征】多年生草本；根肉质；茎自莲座状丛生叶外围叶腋中抽出，单生或数个丛生；叶基生，心形或肾形，叶片具掌状、羽状或平行脉；头状花序单生或多数，排列成总状花序，下垂；总苞半球形，基部近圆形；边花舌状；花药基部钝；花柱分枝扁平，先端钝圆或钝三角形，具乳突或乳突状毛；瘦果无喙，具肋，光滑。

【生境】灌丛、高山冰碛中，海拔3 400 ~ 4 000m。

【分布】嘉黎县、比如县。

【拍摄地点】比如县。

【学名】牛蒡　*Arctium lappa* L.

【科】菊科　**Compositae**

【属】牛蒡属　***Arctium* L.**

【形态特征】多年生草本；高50～150cm；茎直立，多分枝；基生叶丛生，大型，长达60cm，宽40cm；茎生叶互生；叶片宽卵形或长圆形，全缘或有不规则波状齿，基部心形，下面密被灰白色茸毛，叶柄被白色蛛丝状毛；头状花序簇生或排成伞房状；总苞片披针形或线形，坚硬，顶端钩状弯曲；小花管状，淡紫色；瘦果扁卵形，冠毛短刚毛状。

【生境】荒地，海拔3 200～4 100m。

【分布】比如县、嘉黎县。

【拍摄地点】比如县。

【学名】藏蓟　*Cirsium lanatum*（**Roxb. ex Willd.**）**Spreng.**

【科】菊科　**Compositae**

【属】蓟属　***Cirsium*** **Mill.**

【形态特征】多年生草本；高60～110cm；茎直立，有分枝，密被茸毛；叶长圆形或倒披针形，羽状浅裂至深裂，侧裂片宽卵形或呈三角状，先端及边缘具长硬针刺和短刺，下面密被灰白色茸毛；头状花序单生茎和枝端，呈伞房状；雌雄异株，雌株头状花序大，雄株的较小；总苞片多层，外层卵形或卵状披针形，先端具刺尖，边缘有茸毛，内层线形，先端渐尖，常弯曲；小花紫红色；瘦果倒卵形，光滑；冠毛污白色，多层，羽毛状。

【生境】河滩、荒地，海拔3 200～4 500m。

【分布】色尼区、索县。

【拍摄地点】色尼区。

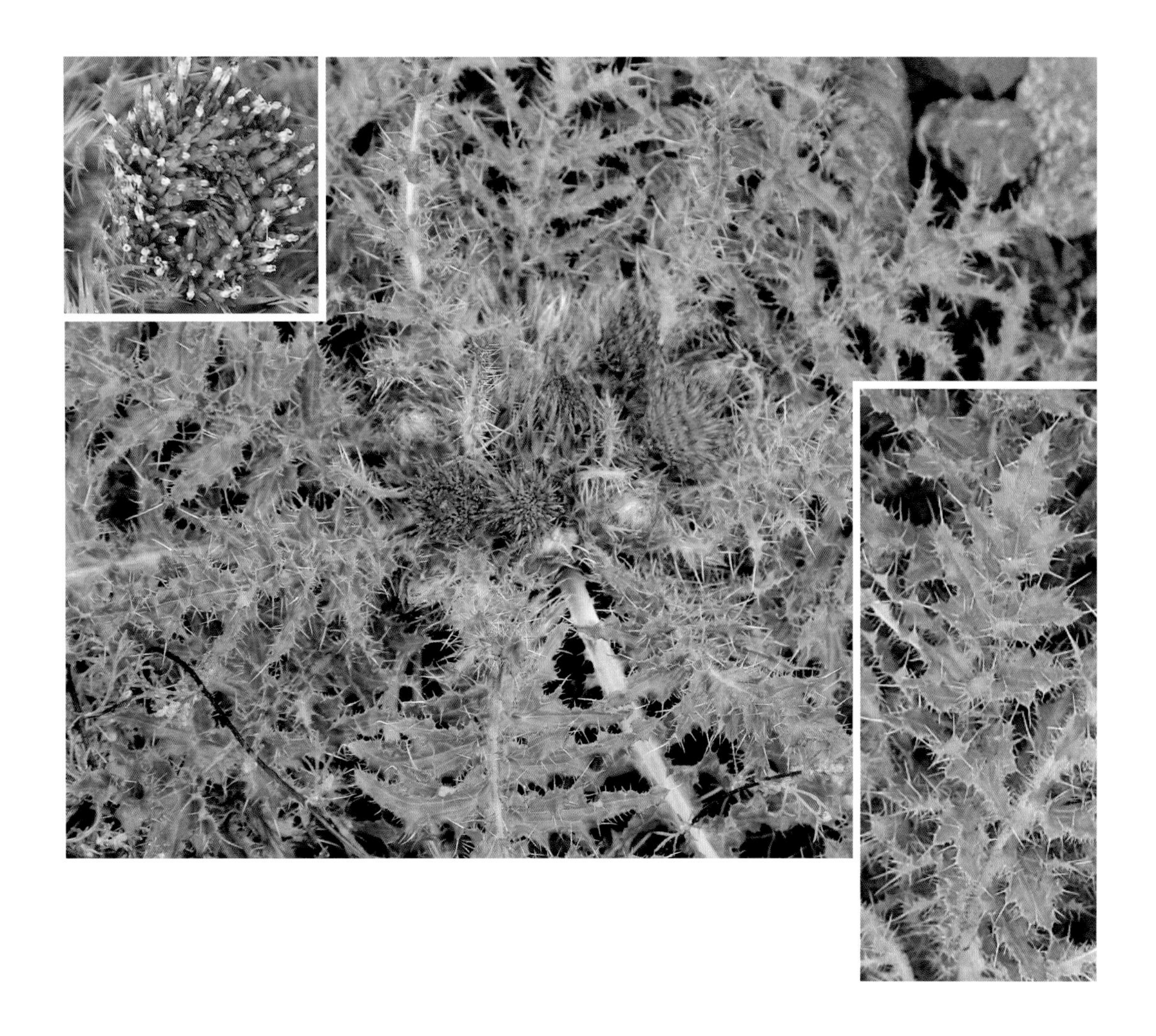

【学名】聚头蓟（葵花大蓟）　*Cirsium souliei*（**Franch.**）**Mattf.**

【科】菊科　**Compositae**

【属】蓟属　***Cirsium* Mill.**

【形态特征】多年生铺散草本；具主根；无主茎；叶基生，莲座状，羽状浅裂至几全裂，边缘有针刺或三角形刺齿，两面被柔毛；头状花序集生莲座状叶丛中；总苞片披针形，边缘有针刺；小花两性，管状，紫红色。

【生境】河滩、湿地、灌丛、山坡草地、林缘，海拔3 200～4 800m。

【分布】色尼区、巴青县、索县、嘉黎县、比如县。

【拍摄地点】色尼区。

【学名】飞廉 *Carduus Crispus* **L.**

【科】菊科 **Compositae**

【属】飞廉属 ***Carduus* L.**

【形态特征】二年生或多年生草本；茎直立，粗壮，具茎棱与茎翅，密生细刺，上部分枝，被白色有节柔毛；中下部茎生叶长卵形或披针形，羽状半裂或深裂，两面沿脉被长毛；头状花序下垂或下倾，单生茎枝顶端；总苞钟状或宽钟状，小花管状，紫色，瘦果灰黄色，楔形，稍扁；冠毛白色，锯齿状。

【生境】荒地、田边、山坡，海拔3 700 ~ 4 300m。

【分布】巴青县、索县、比如县、色尼区。

【拍摄地点】索县。

【学名】禾叶风毛菊　*Saussurea graminea* **Dunn**

【科】菊科　**Compositae**

【属】风毛菊属　***Saussurea* DC.**

【形态特征】多年生草本；茎直立，不分枝，紫褐色，密被白色绢状柔毛；基生叶及茎生叶窄线形，边缘反卷，下面密被茸毛；头状花序单生莲端；总苞片反折或先端弯曲，被长柔毛；管状小花紫色；冠毛2层，淡黄褐色。

【生境】高山草甸、灌丛，海拔3 300 ~ 5 100m。

【分布】安多县、双湖县、色尼区。

【拍摄地点】双湖县。

【学名】茎柱风毛菊　*Saussurea columnaris* **Hand.-Mazz.**

【科】菊科　**Compositae**

【属】风毛菊属　***Saussurea* DC.**

【形态特征】多年生丛生草本；根状茎粗壮，分枝或不分枝，茎短；叶密集簇生于根状茎顶端或粗短的分枝顶端呈莲座状，线形，无柄，顶端急尖，边缘全缘，反卷；头状花序单生茎顶或根状茎顶端；花总苞钟状，总苞片5层，几等长，外层卵状披针形，上部紫色，下部黄色；小花紫红色；瘦果，圆锥状，深褐色，无毛。

【生境】高山草甸、多石山坡，海拔3 300 ~ 5 100m。

【分布】安多县、双湖县、色尼区。

【拍摄地点】安多县。

【学名】羌塘雪兔子　*Saussurea wellbyi* Hemsl.

【科】菊科　**Compositae**

【属】风毛菊属　***Saussurea* DC.**

【形态特征】多年生莲座状无茎草本；叶线状披针形，全缘，顶端长渐尖，基部扩大，上面中上部无毛，中下部被白色茸毛，下面密被白色茸毛；头状花序多数，密集成半球形；总苞圆柱状，紫红色；小花紫红色；瘦果圆柱形；冠毛2层，淡褐色，内层羽毛状。

【生境】高山草地、流石滩，海拔4 200 ~ 5 400m。

【分布】安多县、班戈县、申扎县、聂荣县。

【拍摄地点】安多县。

【学名】美丽风毛菊 ***Saussurea superba*** **Anth.**

【科】菊科 **Compositae**

【属】风毛菊属 ***Saussurea*** **DC.**

【形态特征】多年生草本；茎单一，直立，枝灰绿或灰白色，被薄棉毛；基生莲座状，椭圆形至倒披针形，全缘；头状花序，单生茎端；总苞5层，黑褐色；小花管状，紫色；瘦果有黑色花纹；冠毛2层，外层短，白色。

【生境】高山草甸、山坡草地、滩地，海拔3 500～4 600m。

【分布】安多县、聂荣县、嘉黎县、色尼区。

【拍摄地点】聂荣县。

【学名】水母雪莲花 *Saussurea medusa* **Maxim.**

【科】菊科 **Compositae**

【属】风毛菊属 ***Saussurea* DC.**

【形态特征】多年生草本；全株密被白色棉毛；根茎细长，直立；茎短而粗；叶密生，卵圆形或倒卵形，具长而扁的叶柄，边缘有条裂状锯齿；头状花序多数，密集于膨大的茎端呈半球形；总苞片狭长圆形，端钝，被毛；冠毛2层，灰白色，外层刺毛状，内层为羽状管状；花蓝紫色。

【生境】高山砾石间，海拔4 500～5 500m。

【分布】安多县、色尼区、巴青县。

【拍摄地点】唐古拉山。

【学名】钝苞雪莲 *Saussurea nigrescens* **Maxim.**

【科】菊科 **Compositae**

【属】风毛菊属 ***Saussurea* DC.**

【形态特征】多年生草本；茎簇生或单生，疏被长柔毛或后无毛；基生叶线状披针形或线状长圆形，边缘有倒生细尖齿，两面疏被长柔毛至无毛，中部和上部叶渐小，最上部叶小，紫色；头状花序有梗，疏被长柔毛，在茎顶成伞房状排列；小花紫色；瘦果长圆形；冠毛污白或淡棕色，2层。

【生境】高山草地、林下，海拔3 600～4 800m。

【分布】嘉黎县。

【拍摄地点】嘉黎县。

【学名】星状雪兔子　*Saussurea stella* **Maxim.**

【科】菊科　**Compositae**

【属】风毛菊属　***Saussurea* DC.**

【形态特征】无茎莲座状草本；全株光滑无毛，无茎；叶莲座状，星状排列，线状披针形，无柄，边缘全缘，两面同色，紫红色或近基部紫红色；头状花序多数，在叶丛中密集簇生；总苞圆柱形，总苞片紫红色；小花紫色；冠毛淡褐色，1层，羽毛状。

【生境】高山草甸、沼泽草甸，海拔3 600～4 500m。

【分布】色尼区、比如县、安多县、巴青县、索县、嘉黎县。

【拍摄地点】色尼区。

【学名】重齿风毛菊　*Saussurea katochaete* **Maxim.**

【科】菊科　**Compositae**

【属】风毛菊属　***Saussurea* DC.**

【形态特征】多年生无茎小草本；无茎或具短茎；叶基生，莲座状，卵圆形或宽椭圆形，边缘有细密尖齿或重锯齿；头状花序单生于莲座状叶丛中；总苞片4层，背面无毛，外层三角形或卵状披针形，边缘紫黑色窄膜质，小花紫色。

【生境】高山草甸、流石滩、河滩、山坡，海拔3 100～4 500m。

【分布】色尼区、比如县、巴青县、索县、嘉黎县。

【拍摄地点】比如县。

【学名】钻叶风毛菊　***Saussurea subulata*** **C. B. Clarke**

【科】菊科　**Compositae**

【属】风毛菊属　***Saussurea*** **DC.**

【形态特征】多年生垫状草本；高1.5～10cm；叶无柄，钻状线形，革质，两面无毛，边缘全缘，反卷，顶端有白色软骨质小尖头，基部膜质鞘状扩大；头状花序单生茎分枝顶端，花序梗极短；总苞片4层，外层卵形，顶端渐尖，有硬尖头，上部黑紫色；小花紫红色；冠毛2层，外层短，白色，糙毛状，内层长，褐色，羽毛状。

【生境】河谷砾石地、高山草坡，海拔4 100～5 200m。

【分布】色尼区、班戈县、双湖县、申扎县。

【拍摄地点】双湖县。

【学名】黑苞风毛菊　*Saussurea melanotrica* **Hand.-Mazz**

【科】菊科　**Compositae**

【属】风毛菊属　***Saussurea* DC.**

【形态特征】多年生无茎或几无茎莲座状草本；叶莲座状，条状披针形，边缘全缘或稀疏钝齿或浅波状浅裂，中脉在上面凹陷，在下面高起，上面灰色，被较稠密的贴伏白色长柔毛，下面灰白色，被稠密贴伏的白色茸毛；头状花序单生于莲座状叶丛中；总苞片4层，总苞片外面被贴伏的黑紫色长柔毛；小花紫色；瘦果冠毛白色，外层短，糙毛状，内层羽毛状；花果期9月。

【生境】高山砾石坡、河滩、草地，海拔4 700 ~ 5 400m。

【分布】安多县、班戈县、双湖县。

【拍摄地点】安多县。

【学名】苞叶雪莲　*Saussurea obvallata*（DC）Edgew.

【科】菊科　**Compositae**

【属】风毛菊属　***Saussurea* DC.**

【形态特征】多年生草本；茎高20～50cm，光滑或上部被短柔毛，基部有褐色，光亮的枯存叶柄；基生叶长圆形，连柄长10～20cm，宽2～4cm，先端钝，边缘具细齿，两面密被腺毛；茎生叶长圆形或椭圆形，向上渐小，无柄；头状花序4～15，具短柄，密集于茎顶苞叶中；总苞片披针形，边缘紫黑色，背面被短毛和腺毛；管状花蓝紫色，长约10mm。

【生境】高山砾石坡，海拔3 600～4 600m。

【分布】安多县、色尼区、巴青县。

【拍摄地点】唐古拉山。

【学名】鼠曲雪兔子 *Saussurea gnaphalodes*（Royle）Sch. Bip.

【科】菊科 **Compositae**

【属】风毛菊属 ***Saussurea* DC.**

【形态特征】根状茎细长；通常有数个莲座状叶丛；叶密集，长圆形或匙形，质地稍厚，两面同色，灰白色，被稠密的灰白色或黄褐色茸毛；头状花序无小花梗，多数在茎端密集成半球形的总花序；总苞长圆状，3～4层，外层长圆状卵形，顶端渐尖，外面被白色或褐色长棉毛，中内层椭圆形或披针形，上部或上部边缘紫红色，上部在外面被白色长柔毛，顶端渐尖或急尖；小花紫红色；瘦果圆柱状或椭圆状，有黑色斑点。

【生境】山坡沙地、高山流石滩，海拔4 800～5 500m。

【分布】安多县、双湖县。

【拍摄地点】唐古拉山。

【学名】合头菊　*Syncalathium kawaguchii*（**Kitam.**）**Ling**

【科】菊科　**Compositae**

【属】合头菊属　***Syncalathium*** **Lipsch.**

【形态特征】一年生草本；高1～5cm；根垂直直伸；茎极短缩；茎叶及团伞花序下方莲座状叶丛的叶倒披针形或椭圆形，边缘具细浅齿或重锯齿，顶端圆形或钝，无毛，暗紫红色；头状花序少数或多数，在茎端排成直径为2～5cm的团伞花序；瘦果长倒卵形，顶端圆形，无喙状物，褐色，有浅黑色色斑，一面有一条而另一面有两条细脉纹；冠毛白色，长7mm，糙毛状或微锯齿状。

【生境】砾石地、流石滩，海拔3 800～5 000m。

【分布】安多县、班戈县、双湖县、申扎县、色尼区。

【拍摄地点】安多县。

【学名】白花蒲公英　*Taraxacum leucanthum*（**Ledeb.**）**Ledeb.**

【科】菊科　**Compositae**

【属】蒲公英属　***Taraxacum* F. H. Wigg.**

【形态特征】多年生草本；叶基生，条状倒披针形，浅裂，两面被疏柔毛或无毛，花葶1至数个，被蛛丝状柔毛；头状花序小；舌状花通常白色，稀淡黄色，边缘花舌片背面有暗色条纹；瘦果倒卵状长圆形；冠毛淡红色或稀为污白色。

【生境】山坡湿润草地、沟谷、河滩草地、沼泽草甸，海拔4 000～5 200m。

【分布】双湖县、安多县、嘉黎县。

【拍摄地点】双湖县。

【学名】蒲公英　*Taraxacum mongolicum* **Hand.-Mazz.**

【科】菊科　**Compositae**

【属】蒲公英属　***Taraxacum* F. H. Wigg.**

【形态特征】多年生草本；叶倒卵状披针形、倒披针形或长圆状披针形，边缘具波状齿或羽状深裂，顶裂三角形或三角状戟形，全缘或具齿；头状花序；花葶1至数个，上部紫红色；舌状花黄色，边缘花舌片背面具紫红色条纹；瘦果倒卵状披针形，暗褐色；冠毛白色。

【生境】山坡草地、田野、河岸沙质地，海拔3 600 ~ 4 200m。

【分布】嘉黎县、尼玛县、比如县、巴青县、索县。

【拍摄地点】索县。

【学名】多舌飞蓬　*Erigeron multiradiatus*（Lindl.）Benth.

【科】菊科　**Compositae**

【属】飞蓬属　***Erigeron* L.**

【形态特征】多年生草本；茎绿色，上部被较密硬毛，兼有贴毛或腺毛；叶长圆状倒披针形或倒披针形，全缘，稀有疏齿，两面疏被硬毛和头状具柄腺毛；头状花序，2至数个伞房状排列，或单生茎枝顶端；总苞半球形；外围雌花舌状，3层，舌片紫色，中央两性花管状，黄色，檐部窄漏斗状；瘦果长圆形；冠毛2层，污白或淡褐色，刚毛状。

【生境】草地、林缘、河湖边，海拔3 100～3 500m。

【分布】嘉黎县。

【拍摄地点】嘉黎县。

【学名】飞蓬　*Erigeron acer* L.

【科】菊科　**Compositae**

【属】飞蓬属　***Erigeron* L.**

【形态特征】二年生草本；茎直立，上部分枝，带紫色，具棱条，密生粗毛；叶互生，两面被硬毛，基生叶和下部茎生叶倒披针形，全缘或具少数小尖齿；头状花序密集成伞房状或圆锥状；总苞片3层，条状披针形，背上密生粗毛；雌花二型，外围小花舌状，淡紫红色，内层小花细筒状，无色；两性花筒状，黄色；瘦果矩圆形，压扁；冠毛2层，污白色。

【生境】山坡草地、林缘，海拔3 100 ~ 4 200m。

【分布】嘉黎县、比如县、索县。

【拍摄地点】索县。

【学名】空桶参　*Soroseris erysimoides*（**Hand.-Mazz.**）**Shih**

【科】菊科　**Compositae**

【属】绢毛菊属　***Soroseris* Stebb.**

【形态特征】多年生草本；茎缩短，柱状，上下等粗，中空，具乳汁；叶多生，沿茎螺旋状排列，中下部茎生叶片线舌形，至线状长椭圆形，全部叶两面无毛或叶柄被稀疏长或短柔毛；头状花序多数，在茎顶端集成团伞状花序；总苞片2层，外层2枚，线形，无毛；舌状小花黄色，4枚；瘦果，微扁，红棕色。

【生境】高山砾石间、高山流石滩、山坡灌丛、高山草甸，海拔3 300 ~ 5 500m。

【分布】巴青县、安多县、比如县。

【拍摄地点】唐古拉山。

【学名】屋根草 *Crepis tectorum* L.

【科】菊科 **Compositae**

【属】还阳参属 ***Crepis* L.**

【形态特征】一年生或二年生草本；茎直立，被伏毛，上部疏被腺毛或淡白色刺毛；基生叶及下部茎生叶披针状线形、披针形或倒披针形，基部渐窄成短翼柄，边缘具不规则疏生锯齿，羽状全裂，中部叶与下部叶相似，无柄，基部尖耳1对，上部叶全缘；头状花序排成伞房或伞房圆锥花序；舌状小花黄色；瘦果纺锤形。

【生境】山地草原、田边、河湖边，海拔4 200 ~ 4 700m。

【分布】巴青县、索县。

【拍摄地点】索县。

【学名】川西小黄菊　*Pyrethrum tatsienense*（Bur. et Franch.）Ling ex Shih

【科】菊科　**Compositae**

【属】匹菊属　***Pyrethrum* Zinn.**

【形态特征】多年生草本；高7～25cm；茎单生或少数，不分枝；基生叶椭圆形或长椭圆形，一回羽状全裂，二回为掌状或掌式羽状分裂；茎叶少数，直立贴茎；头状花序单生茎顶；全部苞片灰色，被密毛，边缘黑褐色或褐色膜质；舌状花橘黄色或微带橘红色，舌片线形或宽线形。

【生境】高山草甸，海拔4 800～5 200m。

【分布】嘉黎县。

【拍摄地点】嘉黎县。

【学名】无茎黄鹌菜　*Youngia simulatrix*（Babc.）**Babc. et Stebb.**

【科】菊科　**Compositae**

【属】黄鹌菜属　***Youngia* Cass**

【形态特征】多年生矮小草本；茎极短缩，被微毛；叶莲座状，倒披针形，顶端圆形、急尖或短渐尖，边缘全缘、波状浅钝齿或稀疏的凹尖齿；头状花序含1～6枚小花，单生顶端，簇生于莲座状叶丛中；花序梗无毛；总苞圆柱状钟形；小花舌状，黄色；瘦果黑褐色，纺锤状，具粗细不等的纵肋，肋上有小刺毛；冠毛2层，白色。

【生境】沼泽草甸、沙地、河滩、山坡，海拔3 100～4 500m。

【分布】色尼区、比如县、巴青县、索县、班戈县、双湖县、申扎县。

【拍摄地点】班戈县。

【学名】矮羊茅 *Festuca coelestis* (St.-Yves) **Krecz. et Bobr.**

【科】禾本科 **Gramineae**

【属】羊茅属 ***Festuca* L.**

【形态特征】多年生草本；高3 ~ 10cm；秆密丛，直立，细弱；叶片对折或内卷呈刚毛状，无毛；叶舌极短具纤毛；圆锥花序穗状，分枝短，微粗糙；小穗紫或褐紫色；颖披针形，顶端渐尖；外稃背部平滑或上部常粗糙，有缘毛，顶端渐尖至具芒，芒长1 ~ 2mm。

【生境】高山草地、冰川流石滩，海拔4 200 ~ 5 500m。

【分布】申扎县、班戈县、双湖县、安多县。

【拍摄地点】班戈县。

【学名】早熟禾　*Poa annua* L.

【科】禾本科　**Gramineae**

【属】早熟禾属　***Poa* L.**

【形态特征】多年生草本；高10～35cm；秆直立，密丛，灰绿色；叶片线形，扁平或内卷，边缘与两面微粗糙；圆锥花序紧缩，狭窄；分枝孪生，斜升，粗糙；小穗含2～3小花，花期呈楔形，紫色，小穗轴被短毛；两颖均具3脉，椭圆形，顶端尖，内稃短于其外稃，两脊粗糙；花果期6—7月。

【生境】山坡草地、草甸，海拔3 900～5 500m。

【分布】那曲各县均有分布。

【拍摄地点】色尼区。

【学名】中亚早熟禾 ***Poa litwinowiana*** **Ovcz.**

【科】禾本科 **Gramineae**

【属】早熟禾属 ***Poa*** **L.**

【形态特征】多年生草本；秆密丛，直立；叶片线形，扁平或内卷，边缘与两面微粗糙；叶鞘无毛；叶舌钝圆，撕裂；圆锥花序紧缩，分枝孪生；小穗具2 ~ 3小花，紫色；颖具3脉，椭圆形，先端尖；外稃顶端钝，无毛或脊与边脉下部具纤毛，基盘疏生绵毛；内稃短于外稃，两脊粗糙。

【生境】高山草原或草甸、高山碎石坡，海拔3 100 ~ 5 500m。

【分布】色尼区、比如县、巴青县、班戈县、申扎县、双湖县。

【拍摄地点】双湖县。

【学名】胎生早熟禾　*Poa attenuata* **Trin. var.** *vivipara* **Rendle**

【科】禾本科　**Gramineae**

【属】早熟禾属　***Poa* L.**

【形态特征】多年生草本；秆直立，具1～2节；叶舌顶端钝或呈撕裂状；圆锥花序狭窄，具胎生小穗；小穗带紫色，含2～3小花；颖披针形，顶端渐尖成尾状，具3脉；外稃顶端尖，膜质，脊中部以下及边脉基部具柔毛，基盘无毛或少量的棉毛，内稃稍短于外稃，脊上具短纤毛。

【生境】高山草甸、灌丛、林下，海拔3 100～5 100m。

【分布】色尼区、聂荣县。

【拍摄地点】色尼区。

【学名】旱雀麦　*Bromus tectorum* L.

【科】禾本科　**Gramineae**

【属】雀麦属　***Bromus* L.**

【形态特征】一年生草本；秆直立；叶鞘生柔毛，叶舌长约2mm；圆锥花序开展，下部节具3～5分枝，分枝粗糙，有柔毛，细弱，多弯曲，着生4～8小穗；小穗密集，偏生一侧，稍弯垂；颖窄披针形，边缘膜质；外稃粗糙或生柔毛，先端渐尖，边缘薄膜质，有光泽，芒细直；内稃短于外稃，脊具纤毛。

【生境】灌丛、滩地，海拔3 200～3 900m。

【分布】嘉黎县、巴青县、比如县、索县。

【拍摄地点】嘉黎县。

【学名】梭罗草　*Kengyilia thoroldiana*（Oliv.）J. L. Yang

【科】禾本科　**Gramineae**

【属】以礼草属　***Kengyilia* Yen et J. L. Yang**

【形态特征】多年生草本，秆丛生，基部倾斜，具1～2节；叶舌极短或缺；叶片内卷；穗状花序矩圆状卵形，直伸或弯曲；小穗紧密排列而偏于1侧，含3～6小花；颖背面具长柔毛；外稃密生粗长柔毛；花药黑色。

【生境】山坡草地、滩地、沙地，海拔4 000～5 000m。

【分布】申扎县、班戈县、安多县、双湖县。

【拍摄地点】安多县。

【学名】大颖草 *Kengyilia grandiglumis* (Keng et S. L. Chen) J. L. Yang

【科】禾本科 **Gramineae**

【属】以礼草属 ***Kengyilia* Yen et J. L. Yang**

【形态特征】多年生草本，秆疏丛，具3～4节，下部节稍倾斜或膝曲；叶舌顶端平截；叶片内卷或对折，微粗糙或光滑；穗状花序下垂，疏松，穗轴多弯折，穗轴节间无毛；小穗绿色或带紫色，含3～5小花；颖长圆状披针形，无毛或上部疏生柔毛，具3脉；外稃背部密生长糙毛；脊上部具短小刺毛。

【生境】山坡草地、河滩、沙丘，海拔3 500～4 100m。

【分布】比如县。

【拍摄地点】比如县。

【学名】垂穗披碱草　*Elymus nutans* Griseb.

【科】禾本科　**Gramineae**

【属】披碱草属　***Elymus* L.**

【形态特征】多年生草本；秆直立，丛生；具2～3节，节有时稍膝曲；叶片扁平，被疏生柔毛或无毛；穗状花序较紧密，先端下垂，穗轴边缘粗糙或具小纤毛；小穗具短柄，含2～4枚花，排列多偏生于穗轴一侧；颖长圆形，顶端渐尖或具1～4mm的短芒；外稃长披针形，具5脉，脉在基部不明显，全部被微小短毛，顶端延伸成芒，芒粗糙，向外反曲或稍展开；内稃与外稃等长，先端钝圆或截平，脊上具纤毛，其毛向基部渐次不显，脊间被稀少微小短毛。

【生境】山坡、草甸、林缘、湖岸，海拔3 200～5 100m。

【分布】安多县、班戈县、申扎县、双湖县、色尼区、比如县、索县、巴青县。

【拍摄地点】色尼区。

【学名】赖草　*Leymus secalinus*（Georgi）Tzvel.

【科】禾本科　**Gramineae**

【属】赖草属　***Leymus*** **Hochst.**

【形态特征】多年生草本；具下伸的根状茎；秆直立，较粗硬，单生或呈疏丛状，茎部叶鞘残留呈纤维状；叶片深绿色，平展或内卷；穗状花序直立，穗轴每节具小穗2～3枚，含4～7小花，小穗轴被短柔毛，颖锥形，具1脉，正覆盖小穗，外稃披针形，被短柔毛，先端渐尖或具1～3mm长的短芒，第一外稃长8～10mm，内稃与外稃等长，先端略显分裂。

【生境】山坡草甸、河滩沙地，海拔4 100～5 000m。

【分布】安多县、班戈县、申扎县、双湖县、尼玛县。

【拍摄地点】班戈县。

【学名】紫野麦草　*Hordeum violaceum* **Boiss. et Huet**

【科】禾本科　**Gramineae**

【属】大麦属　***Hordeum* L.**

【形态特征】多年生草本；秆直立，丛生，具3～4节；叶片扁平，叶舌长约0.5mm；穗状花序绿色或带紫色；抽穗节间长约2mm，边具纤毛；三联小穗的两侧生者具长约1mm短柄；颖及外稃次芒状；中间小穗无柄，颖次芒状，外稃披针形，背部光滑，先端具长3～5mm的芒；花药长1.5mm。

【生境】河滩、沙地，海拔3 300～4 500m。

【分布】色尼区。

【拍摄地点】色尼区。

【学名】芒【艹/洽】草　*Koeleria litvinowii* **Dom.**

【科】禾本科　**Gramineae**

【属】【艹/洽】草属　***Koeleria*** **pers.**

【形态特征】多年生草本；秆密丛，花序下被茸毛；叶舌膜质，边缘须状；叶片扁平，边缘具较长的纤毛，两面被短柔毛；圆锥花序穗状，有光泽，长圆形，下部常有间断，主轴及分枝均密被短柔毛；小穗含2稀3个小花，小穗轴节间被长柔毛；颖长圆形至披针形，先端尖，边缘宽膜质，脊上粗糙，第一颖具1脉，第二颖基部具3脉；外稃披针形，先端及边缘宽膜质，背部具微细的点状毛。

【生境】山坡草地、林缘、河滩、山坡草甸，海拔3 600～4 500m。

【分布】比如县、嘉黎县、巴青县。

【拍摄地点】嘉黎县。

【学名】藏野青茅 ***Deyeuxia tibetica*** **Bor.**

【科】禾本科 **Gramineae**

【属】野青茅属 ***Deyeuxia*** **Clarion**

【形态特征】多年生草本；具细弱的根状茎；秆疏丛，直立，常具1节，节无毛；叶片常内卷，稀扁平，两面及边缘均粗糙；叶舌膜质，粗糙或被小刺毛，长圆形，顶端呈撕裂状；圆锥花序紧密成穗状，主轴及分枝密被短毛，分枝短缩；小穗紫色或带黄褐色，有光泽；颖质地较薄，披针形，背部密被长柔毛；外稃顶端具齿裂，基盘两侧被柔毛；内稃顶端微2裂。

【生境】山坡草地、高山草甸，海拔3 500 ~ 4 900m。

【分布】巴青县、安多县、色尼区、班戈县。

【拍摄地点】班戈县。

【学名】穗发草 *Deschampsia koelerioides* Regel.

【科】禾本科 **Gramineae**

【属】发草属 ***Deschampsia*** **Beauv.**

【形态特征】多年生草本；秆密集丛生，无毛；叶舌披针形；叶多基生，叶片纵卷；圆锥花序穗状圆柱形、长卵形或椭圆形；分枝短或近不分枝；小穗褐黄或褐紫色，具2小花；颖与小穗几等长，两颖等长或第一颖稍短于第二颖，第一颖具1脉，第二颖具3脉；内稃略短于外稃，具2脊。

【生境】高山草甸、灌丛、山坡潮湿处，海拔4 000 ~ 5 100m。

【分布】安多县、比如县。

【拍摄地点】安多县。

【学名】拂子茅　*Calamagrostis epigeios*（L.）Roth

【科】禾本科　**Gramineae**

【属】拂子茅属　***Calamagrostis* Adans**

【形态特征】多年生草本；秆直立，平滑无毛或花序下稍粗糙；叶舌膜质，长圆形，先端易破裂；叶片扁平或边缘内卷，上面及边缘粗糙；圆锥花序紧密，劲直、具间断，分枝粗糙，直立或斜向上升；小穗带淡紫色或灰绿色；颖先端渐尖；具1脉或第二颖具3脉，主脉粗糙；外稃透明膜质，顶端具2齿。

【生境】河边，海拔3 800～4 100m。

【分布】比如县。

【拍摄地点】比如县。

【学名】紫花针茅 ***Stipa purpurea*** **Griseb.**

【科】禾本科 **Gramineae**

【属】针茅属 ***Stipa*** **L.**

【形态特征】多年生草本；秆直立，密丛生，光滑，细瘦；叶舌披针形，具缘毛；叶片纵卷如针状，基生叶密；圆锥花序开展；分枝单生或孪生；小穗紫色，颖披针形，顶端长渐尖；外稃背部散生细毛，基盘尖锐，密被柔毛；芒二回膝曲，全部具羽状毛。

【生境】高山草原、山坡草原、山前洪积扇，海拔4 000～5 000m。

【分布】申扎县、班戈县、双湖县、尼玛县。

【拍摄地点】双湖县。

【学名】丝颖针茅　*Stipa capillacea* **Keng**

【科】禾本科　**Gramineae**

【属】针茅属　***Stipa* L.**

【形态特征】多年生草本；秆高20～50cm；叶舌长约0.6mm，顶端平截，具缘毛；叶片纵卷似针状，基生叶常对折；圆锥花序紧缩，顶端芒常扭结如鞭状；分枝直立，基部者孪生；颖长披针形，先端丝状；外稃顶生一圈短毛，其下具小刺，背面与腹面均具1纵行贴生短毛；基盘尖锐，密生柔毛；芒二回膝曲，具微毛或芒针具短小刺毛，芒针直伸。

【生境】山坡、灌丛草地，海拔3 000～4 000m。

【分布】比如县、色尼区、索县、巴青县。

【拍摄地点】色尼区。

【学名】戈壁针茅　*Stipa gobica* **Roshev.**

【科】禾本科　**Gramineae**

【属】针茅属　***Stipa*** **L.**

【形态特征】多年生草本；高10～50cm；秆斜升或直立，基部膝曲，叶鞘光滑或微粗糙；叶舌膜质，边缘具长纤毛；叶上面光滑，下面脉上被短刺毛；圆锥花序下部被顶生叶鞘包裹，分枝细弱，光滑，直伸，单生或孪生；小穗绿色或灰绿色，颖狭披针形，上部及边缘宽膜质，顶端延伸成丝状长尾尖，二颖近等长，第一颖具1脉，第二颖具3脉，外稃顶端关节处光滑，基盘尖锐，密被柔毛，芒一回膝曲，芒柱扭转，光滑，芒针急折弯曲近呈直角，着生柔毛向顶端渐短。

【生境】石质山坡、戈壁沙滩，海拔4 500～5 000m。

【分布】班戈县、安多县、尼玛县、双湖县。

【拍摄地点】尼玛县。

【学名】沙生针茅　*Stipa glareosa* P. Smirn.

【科】禾本科　**Gramineae**

【属】针茅属　***Stipa* L.**

【形态特征】多年生草本；秆斜升或直立，丛生，细弱，粗糙，具1～2节；叶鞘被短柔毛，上部边缘有纤毛；叶舌短而钝圆；叶片纵卷呈针状，下面粗糙或密被细微的柔毛；圆锥花序基部包于顶生叶鞘内；分枝单生，具一小穗；小穗淡草黄色；颖狭披针形，膜质，顶端细丝状，基部具3～5脉；外稃基盘尖锐，密被白色柔毛，芒一回膝曲，芒柱扭转，芒针常弧形弯曲。

【生境】石质山坡、戈壁沙滩，海拔4 500～5 100m。

【分布】安多县、班戈县、申扎县、双湖县、尼玛县。

【拍摄地点】申扎县。

【学名】醉马草　*Achnatherum inebrians*（**Hance**）**Keng**

【科】禾本科　**Gramineae**

【属】芨芨草属　***Achnatherum* Beauv.**

【形态特征】多年生草本；秆少数丛生，平滑，3～4节，节下贴生微毛，基部具鳞芽；叶鞘上部者短于节间，鞘口被微毛，叶舌厚膜质，先端平截；叶片平展或边缘内卷；圆锥花序穗状；小穗灰绿或基部带紫色，后褐铜色；外稃先端具2微齿，背部密被柔毛；花药顶端具毫毛；花果期7—9月。

【生境】湖边、河边覆沙地，海拔4 000～5 200m。

【分布】班戈县、申扎县、尼玛县、双湖县、安多县。

【拍摄地点】双湖县。

【学名】芨芨草　*Achnatherum splendens*（Trin.）Nevski

【科】禾本科　**Gramineae**

【属】芨芨草属　***Achnatherum* Beauv.**

【形态特征】多年生草本；植株密丛，秆坚硬，具鞘内分枝，无毛；叶鞘无毛，具膜质边缘，叶舌披针形；叶片纵卷，坚韧；圆锥花序开展，长30～60cm；小穗灰绿色，基部带紫褐色，成熟后常草黄色；颖披针形，具3脉；外稃先端2微齿裂，背部密被柔毛，5脉，基盘钝圆，被柔毛，直立或微弯，不扭转，粗糙，基部具关节，早落。

【生境】滩地、石质山坡、干山坡、林缘草地、荒漠草原，海拔3 400～4 300m。

【分布】双湖县、安多县。

【拍摄地点】双湖县。

【学名】双叉细柄茅　*Ptilagrostis dichotoma* **Keng ex Tzvel.**

【科】禾本科　**Gramineae**

【属】细柄草属　***Ptilagrostis* Griseb.**

【形态特征】多年生草本；秆密丛生，光滑；叶舌三角形或披针形，膜质；叶片丝线状；圆锥花序松散开展，常二叉分枝，分枝丝状，常曲折，单生，光滑，叉顶着生小穗；小穗灰褐色；颖膜质，先端略尖，3脉；外稃先端2裂，背部具微毛；内稃与外稃近等长，被柔毛。

【生境】高山草甸、灌丛，海拔4 400～4 600m。

【分布】巴青县。

【拍摄地点】巴青县。

【学名】太白细柄草　*Ptilagrostis concinna*（Hook. f.）Roshev.

【科】禾本科　**Gramineae**

【属】细柄草属　***Ptilagrostis* Griseb.**

【形态特征】多年生草本；高10～20cm；秆直立，密丛，光滑；叶舌钝圆，粗糙，边缘下延与叶鞘边结合，顶端微2裂，常呈紫色；叶片纵卷呈细线形；圆锥花序狭窄，基部分枝处常具披针形膜质苞片，分枝细弱，多孪生；小穗深紫色或紫红色；颖膜质，宽披针形，光滑；外稃顶端2裂，背上部无毛而粗糙，基部被柔毛，具短毛，全被柔毛，一回或不明显地二回膝曲，芒柱微扭转；内稃具2脉，脉间疏被毛。

【生境】高山草甸、阴坡灌丛，海拔3 900～4 700m。

【分布】嘉黎县、索县、比如县。

【拍摄地点】比如县。

【学名】固沙草 *Orinus thoroldii* (Stapf ex Hemsl.) Bor

【科】禾本科 **Gramineae**

【属】固沙草属 ***Orinus* Hitchc.**

【形态特征】多年生草本；具密被有光泽鳞片；秆直立；叶扁平或内卷呈刺毛状，疏被柔毛；叶鞘被长柔毛，叶舌膜质，先端常撕裂状；圆锥花序，分枝单生；小穗紫色，具2 ~ 5小花，小穗轴无毛；颖宽披针形，质薄；外稃被长柔毛，先端齿裂；颖果窄长圆形，具棱。

【生境】湖边、河边覆沙地，海拔4 000 ~ 5 200m。

【分布】班戈县、申扎县、尼玛县、双湖县、安多县。

【拍摄地点】双湖县。

【学名】白草　***Pennisetum flaccidum* Griseb.**

【科】禾本科　**Gramineae**

【属】狼尾草属　***Pennisetum* Rich.**

【形态特征】多年生草本；根状茎发达横走；秆直立，叶舌短具纤毛；叶片扁平，狭线形；圆锥花序紧密呈圆柱状，直立或稍弯曲；主轴具棱，近平滑；小穗单生，含2小花；第一颖微小，先端钝圆、锐尖或齿裂，第二颖先端芒尖，第一小花雄性，第一外稃先端芒尖，内稃透明膜质或退化；第二小花两性，外稃先端芒尖，内外稃厚纸质。

【生境】山坡、山谷、林缘、草地，海拔3 300 ~ 4 500m。

【分布】巴青县、比如县、索县、申扎县、班戈县、双湖县。

【拍摄地点】双湖县。

【学名】西藏三毛草　***Trisetum tibeticum* P. C. Kuo et Z. L. Wu**

【科】禾本科　**Gramineae**

【属】三毛草属　***Trisetum* Pers.**

【形态特征】多年生草本；须根细长，柔韧；秆直立，低矮，丛生，被柔毛；叶片扁平，被柔毛；叶鞘松弛，密被柔毛；圆锥花序稠密，穗状，花序轴和小穗柄密被较长的柔毛；小穗绿色带紫红色；颖膜质，近相等，先端尖，脊上粗糙；外稃顶端2齿裂，且呈芒尖；内稃透明膜质，较外稃稍短，具2脊，脊先端延伸呈短芒状，脊上粗糙。

【生境】草地、冰川附近草坡、流石滩，海拔4 800～5 500m。

【分布】申扎县、班戈县、双湖县、尼玛县、安多县。

【拍摄地点】唐古拉山。

【学名】华扁穗草　*Blysmus sinocompressus* Tang et Wang

【科】莎草科　**Cyperaceae**

【属】扁穗草属　***Blysmus*** **Panz.**

【形态特征】多年生草本；匍匐根状茎；秆散生，扁三棱形，具槽；叶条形，平展，边缘内卷，有疏生细齿；苞片叶状，高出花序，小苞片鳞片状，膜质；穗状花序，单一，顶生，小穗有2～9朵两性花，鳞片近2列，长卵形，锈褐色，膜质，有倒刺；小坚果宽倒卵形，平凸状，深褐色。

【生境】沟谷、河滩、沼泽地、溪流边，海拔3 600～5 400m。

【分布】那曲各地均有分布。

【拍摄地点】申扎县。

【学名】荸荠　*Eleocharis dulcis*（Burm. f.）Trin.

【科】莎草科　**Cyperaceae**

【属】荸荠属　***Eleocharis* R. Br.**

【形态特征】多年生草本；具长的匍匐根状茎；秆丛生，直立，圆柱形；叶无叶片，只在秆基部具1～2个叶鞘；鞘近膜质，紫红色或褐色，鞘口斜，顶端急尖；小穗顶生，圆柱状，紫红色，顶端钝或近急尖；小坚果宽倒卵形，双凸状，顶端不缢缩，成熟时棕色或紫红色，光滑。

【生境】沼泽地，海拔3 600～4 000m。

【分布】比如县。

【拍摄地点】比如县。

【学名】矮生嵩草　***Kobresia humilis*** **(C. A. Mwy. Trautv.) Serg.**

【科】莎草科　**Cyperaceae**

【属】嵩草属　***Kobresia*** **Willd.**

【形态特征】多年生草本；叶短于秆，扁平，基部对折；花序穗状，长圆形，含少数小穗，侧生枝小穗两性，雄雌顺序，顶生小穗雄性；鳞片黄褐色，中间绿色，具3脉，边缘白色膜质；先出叶长圆形或长椭圆形，边缘在腹面仅基部愈合；小坚果倒卵形或椭圆状倒卵形，双凸状或扁三棱形。

【生境】河滩、灌丛、高山草甸、山坡草甸、沼泽草甸，海拔3 600 ~ 5 400m。

【分布】比如县、巴青县、索县、嘉黎县、色尼区、聂荣县、安多县。

【拍摄地点】色尼区。

【学名】粗壮嵩草　*Kobresia robusta* Maxim.

【科】莎草科　**Cyperaceae**

【属】嵩草属　***Kobresia* Willd.**

【形态特征】根状茎短；秆密丛生，粗壮，坚挺，高15～30cm，粗2～3mm，圆柱形，光滑，基部具淡褐色的宿存叶鞘；叶短于秆，对折；穗状花序圆柱形；支小穗多数，通常上部的排列紧密，下部的较疏生，顶生的雄性，侧生的雄雌顺序；鳞片达，宽卵形；先出叶囊状，在腹面；小坚果椭圆形或长圆形，三棱形；花果期7—9月。

【生境】高山草甸、山坡草甸、沼泽草甸、沙丘，海拔3 600～5 400m。

【分布】比如县、巴青县、索县、嘉黎县、色尼区、聂荣县、安多县、申扎县、班戈县、尼玛县、双湖县。

【拍摄地点】安多县。

【学名】高山嵩草　***Kobresia pygmaea* C. B. Clarke**

【科】莎草科　**Cyperaceae**

【属】嵩草属　***Kobresia* Willd.**

【形态特征】多年生草本；秆高1～3.5cm，叶与秆近等长，线形，坚挺；穗状花序雄雌顺序，椭圆形，少有全部为单性；鳞片卵形，先出叶椭圆形，小坚果椭圆形或倒卵状椭圆形，扁三棱形。

【生境】高山灌丛草甸和高山草甸、山坡草地、山沟、山顶草地、溪流边，海拔3 600～5 400m。

【分布】那曲各地均有分布。

【拍摄地点】色尼区。

【学名】西藏嵩草 ***Kobresia schoenoides*** **(C. A. Mey.) Steud**

【科】莎草科 **Cyperaceae**

【属】嵩草属 ***Kobresia*** **Willd.**

【形态特征】多年生草本；秆密丛生，较粗，具条纹，钝三棱形；叶短于秆，边缘内卷，丝状，柔软；穗状花序，多数小穗，密生，顶生小穗雄性，侧生的雄雌顺序，鳞片长圆形或长圆状披针形，先出叶长圆形或卵状长圆形；小坚果椭圆形，长圆形或倒卵状长圆形，扁三棱形；花果期6—8月。

【生境】河滩、沼泽草甸、灌丛，海拔3 600 ~ 5 400m。

【分布】色尼区、聂荣县、安多县、申扎县、班戈县、尼玛县、双湖县。

【拍摄地点】申扎县。

【学名】线叶嵩草　***Kobresia capillfolia*** **(Decne) C. B. Clarke**

【科】莎草科　**Cyperaceae**

【属】嵩草属　***Kobresia*** **Willd.**

【形态特征】多年生草本；叶短于秆，丝状；穗状花序，多数小穗，顶生雄性，侧生雄雌顺序；鳞片长圆状卵形，白色膜质边缘；先出叶长圆形，边缘在腹面下部1/3处愈合；小坚果椭圆形或倒卵状椭圆形，双凸透镜状或有三棱。

【生境】高山草甸、沼泽草甸、灌丛、林间，海拔3 600～5 400m。

【分布】色尼区、聂荣县、安多县、申扎县、班戈县、尼玛县、双湖县。

【拍摄地点】色尼区。

【学名】黑褐苔草　*Carex atrofusca Schkuhr* **subsp. minor（Boott）T. Koyama**

【科】莎草科　**Cyperaceae**

【属】苔草属　***Carex* L.**

【形态特征】多年生草本；高15～30cm，疏丛生，根状茎具短匍匐枝，秆直立，细形，上端稍弯垂，钝三棱形，平滑，基部生叶并为淡褐色旧叶鞘所包；叶远较秆短，长仅达秆的中部；顶端的苞片呈鳞片状，最下的具短叶片或呈刚毛状，较花序短，具长鞘；小穗3～5个，弯垂；顶生的雄性，短线状长圆形，有时为雌雄顺序；侧生的雌性，卵形或倒卵形，具密花；雌花鳞片卵形或披针形，先端渐尖，黑血红色，囊包宽椭圆形，较鳞片稍长及宽，扁三棱状；小坚果椭圆形，三棱状；花期7月，果期8—9月。

【生境】高山灌丛草甸和高山草甸、山坡草地、山沟、山顶草地、溪流边，海拔3 600～5 400m。

【分布】那曲各地均有分布。

【拍摄地点】唐古拉山。

【学名】青藏苔草　*Carex moorcroftii* **Falc. ex Boott**

【科】莎草科　**Cyperaceae**

【属】苔草属　***Carex* L.**

【形态特征】多年生草本；匍匐根状茎粗壮；秆高10～30cm，坚硬，三棱柱形；叶基生，短于秆，革质，边缘粗糙；小穗4～5，密生，顶生一枚雄性，圆柱形，基部小穗具短梗；苞片刚毛状；雌花鳞片卵状披针形，紫红色；果囊椭圆形或椭圆倒卵形，等长或稍短于鳞片，有三棱，革质，黄绿色；小坚果倒卵形，有三棱；柱头3。

【生境】河滩、沙丘，海拔3 600～5 400m。

【分布】色尼区、安多县、比如县、巴青县、聂荣县、嘉黎县、索县、班戈县、申扎县。

【拍摄地点】班戈县。

【学名】隐序南星　*Arisaema wardii* **Marq.**

【科】天南星科　**Araceae**

【属】天南星属　***Arisaema* Mart.**

【形态特征】多年生草本；块茎球形；叶基生，叶片掌状或放射状分裂，裂片3～6枚，椭圆形，常具尾尖，叶柄下部2/3具鞘；花序柄自基部生出，佛焰苞绿色，稀具淡绿色纵条纹，管部圆柱状，喉部边缘斜截形，檐部卵形或卵状披针形，基部收缩，先端具尾尖；肉穗花序单性；浆果，卵形，成熟时橘红色，果序圆柱形。

【生境】林缘、草地，海拔3 600～4 600m。

【分布】嘉黎县。

【拍摄地点】嘉黎县。

【学名】小灯心草　*Juncus bufonius* L.

【科】灯心草科　**Juncaceae**

【属】灯心草属　***Juncus* L**

【形态特征】一年生草本；茎丛生，直立或斜升，基部有时红褐色；叶基生和茎生，扁平，狭条形，叶鞘边缘膜质；花序稀疏，呈不规则二歧聚伞状；总苞片叶状，卵形，膜质；花被片绿白色，背脊部绿色，披针形，内轮较短，先端锐减或长渐尖，较蒴果长；蒴果三棱状圆形，褐色。

【生境】沼泽草甸和盐化沼泽草甸，海拔3 200～4 500m。

【分布】巴青县、比如县、索县、嘉黎县、色尼区、聂荣县。

【拍摄地点】聂荣县。

【学名】展苞灯心草 *Juncus thomsonii* **Buchen.**

【科】灯心草科 **Juncaceae**

【属】灯心草属 ***Juncus* L**

【形态特征】多年生草本；茎直立，光滑无毛，丛生，绿色；叶基生，抱茎，具鞘，鞘具白色至红褐色膜质边缘，叶耳明显，钝圆；头状花序单一，顶生；苞片3～4枚，鳞片状，膜质，淡黄色至红褐色，稍长于花序，花期开展；蒴果三棱状椭圆形，成熟时红褐色至黑褐色。

【生境】高山草甸、高山灌丛、河边、沼泽地及林下潮湿处，海拔3 200～4 500m。

【分布】巴青县、比如县、索县、嘉黎县、色尼区、聂荣县。

【拍摄地点】聂荣县。

【学名】平贝母　*Fritillaria ussuriensis* **Maxim.**

【科】百合科　**Liliaceae**

【属】贝母属　***Fritillaria* L.**

【形态特征】多年生草本；鳞茎扁圆形，具鳞片，白色，基部簇生须根；茎直立，光滑，下部叶轮生，上部叶对生或互生，上部叶先端卷曲呈卷须状；花单生于上部叶腋，下垂；花钟形，污紫色，离生，两轮排列；蒴果广倒卵圆形，具6棱，种子多数。

【生境】山坡草丛、高山灌丛、林缘，海拔3 600～4 800m。

【分布】比如县、巴青县、索县、嘉黎县、安多县。

【拍摄地点】嘉黎县。

【学名】玉竹 ***Polygonatum odoratum*** **(Mill.) Druce**

【科】百合科 **Liliaceae**

【属】黄精属 ***Polygonatum*** **Mill.**

【形态特征】多年生草本；根状茎圆柱；叶互生，椭圆形至卵状矩圆形，先端尖，下面带灰白色，下面脉上平滑至呈乳头状粗糙；花1 ~ 2朵腋生，花被黄绿色至白色，花被筒较直，裂片长3 ~ 4mm；花丝丝状，近平滑至具乳头状突起，浆果球形，成熟时蓝黑色。

【生境】林下，海拔2 700 ~ 3 800m。

【分布】嘉黎县、比如县、索县。

【拍摄地点】嘉黎县。

【学名】卷叶黄精　*Polygonatum cirrhifolium*（Wall.）Royle

【科】百合科　**Liliaceae**

【属】黄精属　***Polygonatum*** **Mill.**

【形态特征】多年生草本；根茎，圆柱状或念珠状；叶通常每3～6枚轮生，少对生与互生，细条形至条状披针形，少有矩圆状披针形，先端拳卷或弯曲成钩状，边常外卷；花序轮生，通常具2花，俯垂，花被淡紫色；浆果球形，红色或紫红色。

【生境】林下、灌丛、草丛，海拔2 700～4 300m。

【分布】嘉黎县、比如县、索县、巴青县。

【拍摄地点】嘉黎县。

【学名】白头葱　*Allium leucocephalum* **Turcz.**

【科】百合科　**Liliaceae**

【属】葱属　***Allium* L.**

【形态特征】多年生草本；鳞茎单生或2～3枚聚生，根近块根状，鳞茎外皮撕裂成纤维状，呈网状；叶条形，扁平，短于花葶；伞形花序球状，花多而密集；花被片白色，披针形，基部圆形扩大，先端渐尖或2裂；花期7—8月。

【生境】高山草地、阳坡、干燥山坡，海拔2 700～5 100m。

【分布】嘉黎县、尼玛县、双湖县、巴青县。

【拍摄地点】当惹雍措湖边。

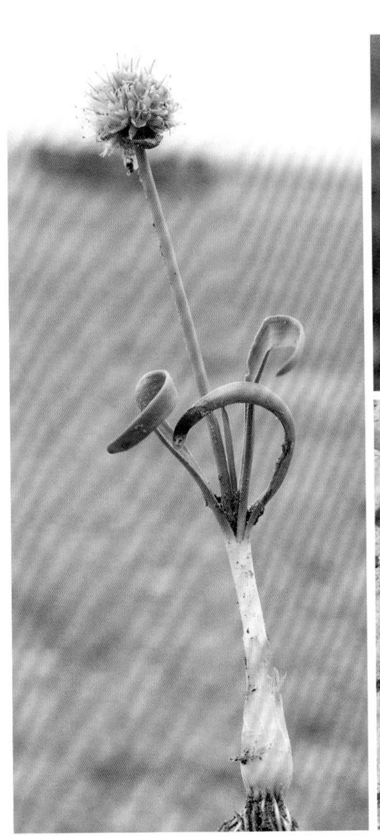

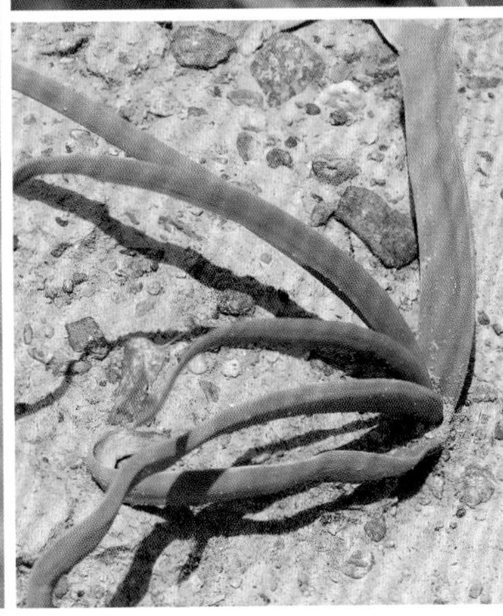

【学名】粗根韭　*Allium fasciculatum* **Rendle.**

【科】百合科　**Liliaceae**

【属】葱属　***Allium* L.**

【形态特征】多年生草本，鳞茎粗壮，鳞茎单生，近块根状；鳞茎单生，圆柱状至近圆柱状；鳞茎外皮淡棕色，破裂成平行的纤维状；叶3～5枚，条形，扁平，总苞膜质，单侧开裂或2裂，具短喙，近与花序等长，宿存或早落；伞形花序球状，具多而密集的花；小花梗近等长，有时外层的稍短，花白色；子房为具3圆棱的扁球状，基部收狭成短柄，不具凹陷的蜜穴，外壁具细的疣状突起；花柱与子房近等长或略长；柱头小，不显著。

【生境】砾石山坡、向阳的林下和草地，海拔3 800～5 300m。

【分布】安多县、色尼区、班戈县、尼玛县、巴青县。

【拍摄地点】安多县。

【学名】镰叶韭 *Allium carolinianum* **DC.**

【科】百合科 **Liliaceae**

【属】葱属 ***Allium* L.**

【形态特征】多年生草本；具不明显的短的直生根状茎，鳞茎粗壮，单生或2～3枚聚生，狭卵状至卵状圆柱形；鳞茎外皮褐色至黄褐色，革质，顶端破裂，常呈纤维状；叶宽条形，扁平，光滑，常呈镰状弯曲，钝头，比花葶短；下部被叶鞘；总苞常带紫色，2裂，宿存；伞形花序球状，具多而密集的花；花紫红色、淡紫色、淡红色至白色；花被片狭矩圆形至矩圆形；子房近球状，腹缝线基部具凹陷的蜜穴；花柱伸出花被外。

【生境】山坡、河谷、林缘，沙地，海拔3 500～5 000m。

【分布】巴青县、索县、安多县、班戈县、申扎县、双湖县、尼玛县。

【拍摄地点】尼玛县。

【学名】青甘韭　*Allium przewalskianum* **Regel**

【科】百合科　**Liliaceae**

【属】葱属　***Allium* L.**

【形态特征】多年生草本；高10～50cm；鳞茎数枚，卵状圆柱形，外皮红色或有时红褐色，成明显网状；叶半圆柱形或圆柱形，中空，短于花葶，花葶圆柱状；伞形花序球状，具多数花；花紫红色或淡紫红色，花被片卵形或长圆形，先端钝，两轮近等长；花丝伸出花被片外，内轮花丝基部扩大，每侧各具1齿；子房球形，基部无蜜腺；花柱与花丝近等长或稍短。

【生境】山坡、河谷、林缘、沙地，海拔3 500～5 000m。

【分布】比如县、巴青县、索县、嘉黎县、色尼区、安多县、班戈县、申扎县、双湖县、尼玛县。

【拍摄地点】尼玛县。

【学名】太白韭　*Allium prattii* **C. H. Wright apud. et Hemsl.**

【科】百合科　**Liliaceae**

【属】葱属　***Allium* L.**

【形态特征】多年生草本；鳞茎单生或2～3枚聚生；叶2枚，紧靠或近对生状，条形至椭圆状，先端渐尖，基部逐渐收狭成不明显的叶柄；伞形花序半球状；小花梗近等长；花紫红色至淡红色，少有白色；花丝比花被片略长或长得多，基部合生并与花被片贴生，内轮的狭卵状长三角形，外轮锥形；子房具3圆棱，基部收狭成短柄，每室1胚珠；蒴果。

【生境】阴湿山坡、高山灌丛、林下，海拔2 600～3 700m。

【分布】比如县、巴青县、索县、嘉黎县、安多县、色尼区。

【拍摄地点】嘉黎县。

【学名】天蓝韭　*Allium cyaneum* **Regel**

【科】百合科　**Liliaceae**

【属】葱属　***Allium* L.**

【形态特征】多年生草本；高10～50cm；鳞茎单生或数枚丛生，鳞茎外皮淡褐色，外皮破裂成纤维状；叶半圆柱状，花葶圆柱形，基部被叶鞘，高10～45cm；伞形花序近帚状或半球状，具少花；花被片蓝色，花丝长于花被片；花柱伸出花被外；花期8—9月。

【生境】高山草地、高山灌丛、林缘，海拔3 400～5 000m。

【分布】比如县、巴青县、索县、嘉黎县、安多县、色尼区、班戈县、尼玛县。

【拍摄地点】嘉黎县。

【学名】蓝花卷鞘鸢尾 *Iris potaninii* **Maxim. var.** ***ionantha*** **Y. T. Zhao**

【科】鸢尾科 **Iridaceae**

【属】鸢尾属 ***Iris*** **L.**

【形态特征】本变种花为蓝紫色；多年生草本；植株基部围有大量老叶叶鞘的残留纤维，棕褐色或黄褐色，毛发状，向外反卷；根状茎木质，块状，很短；根粗而长，黄白色，近肉质，少分枝；叶条形；花茎极短，不伸出地面；苞片2枚，膜质；花被下部丝状，外花被裂片倒卵形，内花被裂片倒披针形，直立；花药短宽，紫色；子房纺锤形；果实椭圆形，顶端有短喙，成熟时沿室背开裂，顶端相连；种子梨形，棕色，表面有皱纹；花期5—6月，果期7—9月。

【生境】高山草地、寒漠砾石地，海拔3 000～5 000m。

【分布】安多县、班戈县、色尼区、双湖县、嘉黎县、巴青县。

【拍摄地点】安多县。

【学名】宽叶红门兰 *Orchis latifolia* L.

【科】兰科 **Orchidaceae**

【属】红门兰属 ***Orchis* L.**

【形态特征】植株高达10～30cm，块茎肉质，下部3～5掌状分裂；茎直立，中空，粗壮；叶互生，长圆状椭圆形、披针形至线状披针形，上面无紫斑，基部鞘状抱茎；总状花序，具数枚花，密集；苞片披针形；花紫红或粉红色；萼片先端钝，稍内弯，中萼片长圆形，侧萼片斜卵状披针形或卵状长圆形；花瓣斜卵状披针形。

【生境】山坡、沟边灌丛下或草地中，海拔3 600～4 100m。

【分布】比如县、巴青县、索县、嘉黎县。

【拍摄地点】嘉黎县。

【学名】裂瓣角盘兰 *Herminium alaschanicum* Maxim.

【科】兰科 **Orchidaceae**

【属】角盘兰属 ***Herminium* Guett.**

【形态特征】植株高达10～35cm，块茎球形；茎直立，下部密生叶2～4枚，其上具3～5小叶；叶窄椭圆状披针形；总状花序具多数小花，花小，绿色，垂头，花瓣直立，卵状披针形，中部骤窄呈尾状且肉质；苞片披针形，先端尾状；中萼片卵形，侧萼片卵状披针形或披针形；子房圆柱形，扭转，无毛。

【生境】山坡、沟边灌丛下或草地中，海拔3 600～4 100m。

【分布】比如县、巴青县、索县、嘉黎县、聂荣县。

【拍摄地点】聂荣县。

【学名】落地金钱　***Habenaria aitchisonii*** **Rchb. f.**

【科】兰科　**Orchidaceae**

【属】玉凤花属　***Habenaria*** **Willd.**

【形态特征】高12～33cm；块茎肉质；茎直立，圆柱形，被乳突状柔毛；叶卵圆形或卵形，抱茎，稍肥厚；总状花序具几朵至多数密生或较密生的花，花较小，黄绿色或绿色；花苞片卵状披针形，先端渐尖；中萼片直立，卵形，侧萼片反折，斜卵状长圆形；柱头的突起向前伸，近棒状，粗短。

【生境】山坡、沟边灌丛下或草地中，海拔3 600～4 100m。

【分布】比如县、巴青县、索县、嘉黎县、聂荣县。

【拍摄地点】索县。

真菌门

【学名】冬虫夏草 *Cordyceps sinensis*（BerK.）Sacc.

【科】麦角菌科 **Ciavieps purpurea**（**Fr.**）**Tul.**

【属】虫草属 ***Cordyceps*** **L.**

【形态特征】冬虫夏草菌之子座出自寄主幼虫的头部，单生，细长呈棒球棍状，长4～14cm，不育顶部长3～8cm；上部为子座头部，稍膨大，呈窄椭圆形，褐色，除先端小部外，密生多数子囊壳；子囊壳近表面生基部大部陷入子座中，先端凸出于子座外，卵形或椭圆形，每一个子囊内有8具有隔膜的子囊孢子；虫体表面深棕色，断面白色；腹面具足8对，形略如蚕。

【生境】高山灌丛草甸和高山草甸，海拔3 800～5 100m。

【分布】色尼区、巴青县、比如县、嘉黎县、索县、聂荣县。

【拍摄地点】巴青县。

参考文献

布和敖斯. 2017. 鄂温克族自治旗野生植物图谱[M]. 北京：中国农业科学技术出版社.

陈家辉，杨勇. 2010. 羌塘草原植物识别手册[M]. 昆明：云南科学技术出版社.

陈全功. 1991. 西藏那曲地区草地畜牧业资源[M]. 兰州：甘肃科学技术出版社.

谷安琳，王国庆. 2012. 西藏草地植物彩色图谱（第1卷）[M]. 北京：中国农业科学技术出版社.

侯向阳，孙海群. 2012. 青海主要草地类型及常见植物图谱[M]. 北京：中国农业科学技术出版社.

马克平. 2016. 中国常见植物野外识别手册（祁连山版）[M]. 北京：商务印书馆.

《那曲地区年鉴》编纂委员会. 2017. 2016那曲地区年鉴[M]. 郑州：中国古籍出版社.

牛洋，王辰，彭建生. 2018. 青藏高原野花大图鉴[M]. 重庆：重庆大学出版社.

赵宝玉. 2016. 中国天然草地有毒有害植物名录[M]. 北京：中国农业科学技术出版社.

中国科学院中国植物志编委会. 1959—2004. 中国植物志[M]. 北京：科学出版社.

朱进忠. 2010. 草地资源[M]. 北京：中国农业出版社.

工作照片

那曲草地资源图谱编写项目
专家咨询汇报会

那曲草地资源图谱编写项目专家咨询汇报会
An expert consultation meeting on the preparation of

那曲 2
31° 34′ 43.68″
91° 30′ 05.24″
4580 m 2018.8.8

中文名及拉丁名索引

W

X